文芸社セレクション

テントウムシと暮らして

西村 いき子

NISHIMURA Ikiko

JN126685

文芸社

目次

プロローグ（はじめに）

この本のタイトルは、フランスの高名な昆虫学者ファーブル（Jean-Henri Fabre, 1823～1915）の著書『昆虫と暮らして』に倣《なら》ったものです。その本は『ファーブル昆虫記』とは、少し違った内容でした。著者の生い立ち、人生観、学問への姿勢が綴られていたのです。その中の一節で特に私の心に響いたのは、次のようなものでした。

「先生の指導をうけて勉強するということは、わたしにはできなかった。しかし、そのことをざんねんに思ってもいない。独学には独学のよいところがある。人を学校教育のきまりきった型にはめこんでしまうことがない。それは、めいめいの人それぞれの性質を十分にのばすことになる。野生のくだものも、熟す時期がくると、温室のものとはちがった風味を持つものだ。そのくだものは、ちゃんとものの味のわかる口には、にが味とあま味のまじった味わいをのこし、この味はまた、この二つの味がまじり合っていることによって、いちだんと値うちを持っているのだ。」

私がテントウムシを飼い、観察日記を書き始め、本書を出版するに至ったのは、この文章に励まされたから、と言って間違いありません。

調べてみますと、世の中には、〝虫屋〟とも称される昆虫好きの方々は大変多くおられます。当然、その中から本格的な研究者が古来より多数誕生しています。〝虫〟というキーワードで著作を検索すると、半端でない時間を要します。そのような昆虫研究の大いなる集積の中で、私も本を書いてみようと思い立ったのは、先に引用したファーブルの言葉に触発されたところが大きかったのです。私なりにテントウムシ（*Coccinellidae*）についての昆虫記を書いてみたくなりました。

私の手帳にはじめてテントウムシが登場したのは、２００８年1月6日（日）小寒の日のことでした。陽に干してあった洗濯物に付いて、部屋の中に入ってきてしまったのです。それから15年余り経った２０２３年にこの文章を書いています。名前はみんなタマです。ナミテントウ、ナナホシテントウ、キイロテントウ、合わせて40数匹を断続的に飼育してきました。観察日記はノート10冊くらいになりました。

15年来の素朴な難問がありました。それは、「なぜテントウムシはヒトの手指を好むのだろうか？」というものでした。この疑問に答えを出すには、先ず、この昆虫はどういう虫なのかを知ることから始めなければなりませんでした。餌はほとんどリンゴで、小さな箱の中で飼う――自然の中での生態とはかなり違います。うまくいくのでしょうか。可哀そうになって放してあげたくなったことは何度もありました。そんな時、私を思いとどまらせたのは、手指を差し出すと、すぐに乗り移ってきて、放っておくと、いつまでも、どこまでもヒトの体を這《は》うことでした。不思議。嬉しいことに、最近やっと、私なりに納得のゆく答えが出せました。

読者の方は私の答えに頷《うなず》いて下さるでしょうか。この本が、もっともっとテントウムシに興味を持ち、仲良くなっていただく一助にでもなれましたら幸いです。

（文中、敬称を省略させていただきます。）

（写真撮影、表作成も著者。）

第一章　テントウムシとは、どんな生き物？

1　昆虫の一種、甲虫です

テントウムシは、無脊椎《せきつい》動物の中の一門である節足動物門昆虫綱コウチュウ目ヒラタムシ上科テントウムシ科の生き物です。無脊椎動物は背骨などの内骨格を持っていません。節足動物とは関節のある脚を持っているということです。昆虫綱の生き物は、アリ（ハチ目アリ科）、ハチ（ハチ目）、トンボ（トンボ目）、カブトムシ（コウチュウ目コガネムシ科）、チョウ（チョウ目）、ハエ（ハエ目短角亜目）など、数え上げれば切りがないほど、種類も、数も豊富です。ちなみに、昆虫の「昆」は多いという意味です。約５００万種（命名されているものは１００万種、全動物種の3分の2を占めています。）、１００京匹いると言われています。

地球に生命が誕生したのは、40億年前で、昆虫は4億年ほど前に陸地に現れたと推定されています。

ここで、種の定義について考えてみます。最も種数が多いと言われる昆虫は、外見だけでは区別できないような種も多いからです。

例えば、同じ哺乳類でもイヌとネコは種が違う、あるいは同じ鳥類でもニワトリとカラスは種が違うということは、誰にでも分かります。形が明らかに異なっているからです。

これは形態学的種概念と言われる、古くから用いられてきた種の定義です。

　この定義に基づいて、昆虫の種を判別する場合には、専門家が顕微鏡を使って、体表の特徴的な毛の数、脚や交尾器の形など、複数の形質《けいしつ》を、詳しく調べます。中間的な形態の昆虫が存在せず、2種類の昆虫の間に明らかな差異が見られることが、種の特定の要件となります。最も一般的な種の判別方法です。

　これに対して、生物学的種概念と呼ばれる種の定義もあります。オスとメスを交配して繁殖能力のある子孫を作ることができる生物集団は同一の種であるとするものです。交配が起きない、交配しても子が産まれない、あるいは産まれた子が繁殖力を持たないような場合は、別種とされます。

　例えば、ヒョウとライオンを交配させると、レオポンという雑種が生まれますが、ほとんど繁殖力がありません。だから、ヒョウとライオンは別種ということになります。

　また、ウマとロバを相互交雑させると、ラバが生まれる場合と、ケッティ（駃騠）が生まれる場合がありますが、ともに不妊です。今では、ウマとロバは、染色体の数が違うことが、その理由であると解明されています。ウマとロバの染色体が結合して子が生まれたとしても、その子には正常な生殖細胞は遺伝しないため、ラバもケッティも不妊なのです。しかし、メスのラバとメスのケッティは、オスのウマかオスのロバと交雑すると子を産む、というごく少数の例が報告されています。これは、メスの染色体が偶然にオスの染色体と並列《へいれつ》になったことによると考えられています。話が少々ややこしくなってきましたが、要は、ウマとロバは、別種だということです。

まず、昆虫（*Insecta*）とは、どんな生き物でしょうか。

長い地球の歴史の中で動物が進化してきた過程を示す「系統樹《けいとうじゅ》」は根元の部分で大きく二股に分かれています。その一方が脊椎動物で、他方が無脊椎動物です。一方の先端に、ヒトを頂点とする哺乳動物が存在し、他方の先端に昆虫類を頂点とする節足動物が位置しています。ヒトと昆虫は、ともに進化の頂点という意味では対等の立場にあります。また、進化の歴史においては、ヒトは700万年前にチンパンジーから枝分かれして、出現したと推定されていますので、昆虫は何百倍もの長さを誇っています。

それだけでなく、昆虫は脊椎動物より早く4億年ほど前に地上に進出しました。トビムシ（トビムシ目）という、翅《はね》はないのですが、叉状器《さじょうき》を使ってよく跳ねる2ミリほどの虫が上陸し、不毛の大地を大きく変えたと言われています。有翅《ゆうし》昆虫は3億5000年前に出現しました。

ヒトと昆虫の間には、ヒトが環境を変えるのに対し、昆虫は環境に合わせて変わってゆく、という戦略上の差異があります。

体は頭部、胸部、腹部の3つの部分に分かれています。

頭部に触角と複眼を各1対と口器、胸部に1対か2対の翅（無いものもいます）、そして、3対の脚があります。発育の途中で、変態をします。

変態とは、動物が卵から孵化してから、成体になるまでの過程で、時期によって異なる形態をとることです。完全変態と不完全変態があります。完全変態をする昆虫は、卵・幼虫・蛹《さなぎ》の3つの段階を経過して、成虫へと変貌します。コウチュウ目、チョウ目、ハチ目、ハエ目に見られます。この4目で全ての種の65％を占めています。また、地球上の昆虫の85％は完全変態をします。一方、不完全変態をする昆虫は、幼虫から脱皮を繰り返しながら、少しずつ姿を変えていきます。バッタ目バッタ亜目、カマキリ目、カゲロウ目、トンボ目などに見られます。蛹を経ることなく、幼虫と成虫が同じですから、住む環境が限られてしまい、完全変態をする種に比べて、種の数で劣っています。

テントウムシはコウチュウ目ですから、完全変態をします。

次に、甲虫とはどんな生き物なのでしょうか。先に無脊椎動物の特徴として、背骨などの内骨格を持っていないと書きましたが、その代《かわ》りに、甲羅《こうら》のように堅い羽根、前翅《ぜんし》、つまり外骨格を持っています。この丈夫で軽い外骨格で、やわらかい内臓を守っているのです。体の表面は、ろうや油で水をはじくクチクラ（cuticula）＝角皮を発達させて、水分が過度に蒸発するのを防ぐなど生理的に、あるいは、機械的にも保護しています。

さて、甲虫の一種であるテントウムシは、世界には約４２００～６０００種、日本だけで１６０～１８０種います。食葉性のものは８種ほど、菌食性のものが４種ほどで、大半は捕食性（肉食性）です。ヨーロッパや北米でも同様ですが、熱帯や亜熱帯の地域では食葉性の種がはるかに多いようです。

漢字では「天道虫」、英語では「Lady bird」（聖母マリアの鳥）と呼ばれ、世界中で幸せを運ぶ虫とされています。一方で、農作物の害虫として嫌われる一面も持っています。

体形は半円形から長楕円形《だえん》で、触角は頭部の長さほどです。体色や紋はいろいろですが、よく見かける、典型的なものは、黒色、あるいは赤色の地に赤い（あるいは黒い）丸い紋がいくつか入っているナミテントウ（*Harmonia axyrids*）やナナホシテントウ（*Coccinella septempunctata*）でしょう。その他にも、黄色いキイロテントウ（*Illeis koebelei*）、薄茶色の地色に白い紋のあるシロホシテントウ（*Vibidia duodecimguttata*）、赤いアカイロテントウ（*Rodolia concolor*）、ダンダラテントウ（*Menochilus sexmaculatus*）、カメノコテントウ（*Aiolocaria hexaspilota*）など、模様や色彩の変わったものがいます。短毛の生えているものもいます。そのバリエーションはよく見ると100種類以上あると言われています。体長は全長約3ミリ、5ミリ、8ミリの3種類に大別されます。

大きくテントウムシの特徴を述べるなら、半球形で、前翅の表面は光沢があり、ツルツルしており、後翅《こうし》を出して飛ぶ虫ということになるでしょう。なぜ、このような形をしているのでしょうか。捕まえようとしても、滑ってしまい、捕まえにくいです。体色は、赤色と黒色のツートンカラーや、黄色など目立つものが多いのですが、捕食されそうになるなど、身の危険を感じると、アルカロイドという一種の毒を体内から出します。鳥などにとっても、あまり食べたい虫ではないのかもしれません。何よりも、飛翔して逃げることができます。素早いことも特徴です。一種の優れものの昆虫ですので、テントウムシダマシ（テントウムシダマシ科）などという、似て非なる甲虫も存在します。元々は異なる系統の生物が、進化の過程で、その形質が似てくるという「収斂《しゅうれん》進化」の一例ではないかと思われます。

2 「天道虫」と命名されるまで

テントウムシが属しているヒラタムシ上科の生き物の多くは、朽ち木やキノコ類の生《は》えている湿潤《しつじゅん》な、薄暗い場所で生きていました。そんな所から、明るく開放された、緑色の葉の上で生きるようになったのが、テントウムシです。先祖と袂《たもと》を分かったということです。新境地で、アブラムシ（昆虫綱カメムシ目アブラムシ上科）、カイガラムシ（カメムシ目カタカイガラムシ科、又はマルカイガラムシ科）、ハダニ（クモ綱ダニ目ハダニ科）を餌とします。これらは、キノコ類よりも栄養豊富です。また、種類も数もともに豊かな緑色植物も食べることができるようになります。こうして、名実ともに日の当たる場所の住民となり、テントウムシは、晴れて「天道虫」という名を戴《いただ》くことになったのです。

3　餌は何？

日本の代表的な種であるナナホシテントウとナミテントウは、主にアブラムシ類、カイガラムシ類、ハダニ類などの害虫を食べる捕食性です。アブラムシやカイガラムシの天敵であり、有益な昆虫＝益虫として、農業や林業において重要視されてきました。

一方で、ニジュウヤホシテントウ類（*Henosepilachna vigintioctopunctata*）は、害虫とされています。ナス、ジャガイモ、トマトなどの葉を食べる草食性だからです。

ちなみに、害虫や益虫という分け方は、ヒトの側から見た、一方的な分類だという意見にも一理あり、だとは思います。

その他、トホシテントウ（*Epilachna admirabillis*）の幼虫はカラスウリなどの葉を、ヤマトアザミテントウ、エゾアザミテントウは、アザミの葉を食べます。キイロテントウは、植物の病気であるうどんこ病の、シロホシテントウは、同じく白渋病の元になる菌を食べ、カメノコテントウは、クルミハムシの幼虫を食べます。

以上は、自然の中で生息しているテントウムシの食べている物ですが、飼育下では、どのようなものを食べるのでしょうか。

私は、飼育を始めた当初、リンゴを毎日1個、〝薬〟として食べる生活を送っていました。ある日、我が家にやって来たナミテントウに、はて何を食べさせたら良いのかと考えた時に、手近にあったリンゴの皮を先ずあげてみました。すると、すぐにリンゴの皮の上に乗って食べ始め、何時間も動かず、食べ続けたのです。〝大成功〟といったところです。それ以来、違う物もいろいろ試してみましたが、一番無難で、最も好んで食べるのは、このリンゴでした。

ナミテントウだけでなく、ナナホシテントウも、最初は食べなかったキイロテントウも、リンゴを食べるように飼育できました。

ところが、テントウムシの飼い方について書かれた本を読みますと、〝リンゴなどの果物でも飼えることは飼えるが、卵を産まず、寿命も短くなる〟とありました。アブラムシなど餌になる虫の採集と管理が苦手《にがて》な私は、それでも、主にリンゴでの飼育を続けています。

その結果、成虫で採集し飼育した四十数匹の寿命（正確には飼育日数）は、平均で72日余り、100日以上が12匹、半年以上（199日）生きたナミテントウも1匹います。成虫の寿命は、普通20～40日とされていますので、かなりの長寿記録となっています。

産卵した個体も7匹います。卵が孵化して、何匹もの幼虫が誕生しました。但し、蛹の段階まで成長させられませんでした。幼虫もリンゴを食べるには食べますが、ほぼ同時に孵化した幼虫と一緒の巣箱に入れたままにしておきますと、幼虫同士で共食いを始めます。餌と間違えて食べるといわれています。一度に10匹くらい生まれることが多いですが、終《しま》いには1匹しか残りません。その最後の1匹も1週間くらいで死んでしまいます。何らかの栄養素の不足が原因かもしれません。この辺がリンゴ飼育の限界なのでしょうか。

また、かなり成長した幼虫の段階で採集し、蛹化《ようか》させた個体もいましたが、今一《いまひと》つ羽化させられませんでした。採集以前には、アブラムシなどをたっぷり食していた個体でしたから、リンゴという餌の問題ではなく、他の、例えば、日照などの飼育環境に問題があったのでしょう。

最近、私は、テントウムシが自然の中で食しているアブラムシなどを全く食べさせてあげないのも酷《こく》だと思い、カラスノエンドウなどの雑草を巣箱に入れています。アブラムシその他の餌になりそうな、小さな虫が付いているからです。ところが、相変わらずリンゴと、その他には結構よく食べているのが、赤紫色のカラスノエンドウ（マメ科の越年草）の花なのです。そして、赤紫色のふんをします。その他、黄色いタンポポ（キク科タンポポ属の多年草）の花、キンシバイ（オトギリソウ科の半落葉低木）の花、ピンク色のツツジ（ツツジ科ツツジ属の常緑または落葉低木）の花とその蜜も大好物です。そして、それらの茎をつたい歩きして、よく運動をしています。アブラムシはどうなるのかというと、巣箱から飛び出してきたり、なんとアブラムシもリンゴを食べたりするようになります。

また、きゅうりを輪切りにしたものも入れてみましたが、これは食べる個体と食べない個体がいます。バナナの輪切りも同様です。意外に思われるかもしれませんが、私が飼育しているテントウムシたちが全く食べないものは、市販の昆虫ゼリーです。昆虫といっても、主にカブトムシなどの好みに合わせて、作られているのでしょう。

変わった食餌生活を送っている、代表的なテントウムシはキイロテントウで、うどんこ病の原因になる菌を食べます。私も6匹ほど飼育してきました。うどんこ病にかかった、うどん粉を散らしたように白くなった葉と、リンゴの皮、そして、チーズなどを与えてみました。どれも食べましたが、よく食べていたのは、リンゴでした。この結果からも、やはり、食べ易くて、甘く美味しい餌が、競争もなく食べられるのならば、菌類などはあえて食べなかったのではないか、と考えられます。餌については、競争というものが付きものですから、それを避けるために、仕方なく他の競争者が少ない菌類を餌とすることになったのではないでしょうか。また、ヒラタムシ上科に属していることから察するに、先祖返りではありませんが、ご先祖がよく食していた物を、いまだに食べる習性、あるいは遺伝子を残しているとも考えられます。

私が、飼育してきたテントウムシたちにあげられた大きな贈り物は、このリンゴという餌と、捕食者がいない環境でした。

ここまで、テントウムシの餌について書いてきましたが、コウチュウ目へと範囲を広げますと、次のような驚くべき報告がなされています。

「カツオブシムシ（甲虫）を瓶につめて、5ヶ月間、引き出しの中に放置。この種の甲虫の場合、小さな卵として生まれてから成虫として死を迎えるまで、生涯のサイクルはわずか2ヶ月ほどだ。5ヶ月も絶食状態に置かれたら、ふつう死んでしまう。ところが、研究者が引き出しの中の瓶に気づいたとき、幼虫は生きていた。それどころか、〝若返っていた〟。」

そして、「研究者がそのまま幼虫を絶食状態にしておくと、幼虫たちはなんと5年以上も『ひとかけらの餌を口にすることもなく』生きのびた。体はますます小さくなり、幼虫期の後期から最初期へと、〝生涯を逆行した〟。さらに奇妙なことに、ひとたび餌をあたえると、また幼虫から成虫へと通常の成長を始めたのだ。成長スイッチを〝ノーマルモード〟に切り替えたかのように。

1970年代の研究も、カツオブシムシ科の幼虫が成長の向きを複数回切り替えられることを裏づけている。」というのです。（アンヌ・スヴェルトルップ＝ティーゲソン著『昆虫の惑星』より抜粋）

信じ難い話です。私が昆虫について、あまり関心を持っていなかったこと、知らなかったことに気づかせてくれました。

ファーブルの『昆虫記』には、こんな件《くだり》もあります。

活動する虫は、その消耗を補う食物が全く無くて、4日間で栄養の貯《たくわ》えが尽きて死んでしまいました。ところが、動かない虫は18日間も生きていました。〝生命は不断の破壊である〟と生理学では言われています。

アナバチに刺されたキリギリスモドキは、砂糖水で40日間生きていました。普段の食物を取ることができたら、もっと長い間生きていたに違いありません。活動量は極端に減ったけれども、それゆえに長く生きながらえることができるということでしょうか。

ヒトでも、ヒト以外の生き物でも、一生はただ長ければいいのか、それとも短くとも充実している方がいいのか、それぞれの生き方があるでしょう。ただ、もっと生きたいのに、食物がない、エネルギー源がないという事態はやはり不幸であり、避けなければなりません。食料、餌は柔軟に、いろいろな物を食べられる方が勝ちで、生き残れる可能性が高くなることは確かのようです。

4　他の生き物との関係──共生と寄生など

共生は異種の生物が行動的・生理的な結びつきをもち、所を同じくして生活している状態と定義されています（『広辞苑』）。相利共生と片利共生があり、寄生も共生の一種とされます。

アブラムシとアリの関係は、共生関係の例として、よく取り上げられます。そこに絡んでいるのが、捕食性テントウムシです。

アブラムシは植物の汁を吸って弱らせたり、病気を移したりします。農作物などの植物にとっては害虫です。そのアブラムシを餌とするのが、ナミテントウやナナホシテントウなどの捕食性テントウムシです。ですから、これらのテントウムシは生物農薬といわれ、益虫とされています。

アブラムシはお尻から甘い汁を出します。これは本能的な行為であり、経験によるものではありません。しかし、甘い分泌物はとても粘着性が強いので、アブラムシにとっても、取り去ってもらった方が助かるのかもしれません。アリはアブラムシを丸ごと食べるのではなく、分泌された甘い汁を舐《な》め取ります。アブラムシにとっては、過剰で不要な、ただの排泄《はいせつ》物でしかない甘露が、アリにとってはふたつとないご馳走になるという結果です。

その代わりにアリは、テントウムシのようなアブラムシを食べる天敵がやってくると、集団でこれを追い払います。このように、異種の生物の間で双方にとって利益となる結びつきを持って生きている状態を相利共生といいます。

ところが、アリに守られたアブラムシが、数を増やし過ぎて、アリが守りきれない状態に至ると、アリはアブラムシを殺して食べてしまいます。

テントウムシはアリにとっては、ちょっと手強《てごわ》い存在です。体は半球形で、外側は堅い前翅で守られています。アリが攻撃を仕掛けても、前翅の下に脚を仕舞われると、どうしようもありません。咬《か》み付こうとしても、滑ってしまいます。そのうえ、嫌《いや》な臭いのする黄色い汁、アルカロイドを出しますから、鳥も食べられません。食べても美味しくないので、得をしています。

相利共生といっても、その交換するものの量が全く釣り合っていない関係もあります。よく取り上げられる例は、クロシジミ（チョウ目シジミチョウ科）の幼虫とアリの関係です。クロシジミの幼虫はアリに常時、餌をねだり、アリは頻繁に口移しで、巣に蓄えた餌の中から相当な量を与えます。この見返りとして、幼虫はアリに蜜を与えますが、それは透明な虫ピンの頭の半分もない、わずかな滴《しずく》です。

相利共生の中でも、お互いに相手がいなければ生きていけないような強力な関係に進化したものを「絶対相利共生」といいます。例えばミツバアリとアリノタカラの関係がそれです。ミツバアリの新女王は、新しい巣へと旅立つ時にはアリノタカラを1匹連れて行きます。アリノタカラが草の根の汁を吸って排出した糖分が、ミツバアリの唯一の食料になるのです。

共生の中には、相利共生の他に、片利共生もあります。これは、釣り合わないどころか、はっきりと一方にだけ利益があり、他方には利益も害もない共生関係です。例えば、後生《こうせい》動物の一種のナマコ（棘皮《きょくひ》動物門ナマコ綱）とカクレウオ（硬骨魚綱カクレウオ科）の共生です。カクレウオはナマコ類の腸内に隠れる習性があり、一方的に利益を得ています。

次はテントウムシに寄生するハチの話です。寄生とは、生物が栄養の大部分や生活の場を他の生物体（宿主）に一方的に依存している関係のことです。テントウムシヤドリコマユバチ（昆虫綱ハチ目コマユバチ科）は、テントウムシの幼虫に卵を産みつけます。宿主の体内で成長したコマユバチの幼虫は体外に出て、繭《まゆ》を作ります。テントウムシはコマユバチの繭を抱えたまま、命を落とす場合もあります。

コマユバチの仲間のテントウハラボソコマユバチの場合も、ほぼ同じです。メスが産卵管をテントウムシに差し込んで、卵を産みます。この際に、卵だけでなく、ウイルスも注入し、脳で増殖《ぞうしょく》させ、宿主が自由に動き回れないようにします。宿主の体内で孵化した幼虫は20日かけてテントウムシの内臓を食べていきます。そのあと、宿主がまだ生きているうちに、体の外に這い出し、脚の辺《あた》りで繭を作り、蛹になります。宿主は動くこともできませんが、蛹に危険が迫ってきた時だけは、体をちょっと震わせて、敵を追い払います。1週間くらい経った後、寄生バチは成虫となり、繭を破って出てきて飛び去ります。その後、テントウムシはどうなるのでしょうか。麻痺から覚めて、餌を取るようになり、子どもを残すものもいるにはいますが、哀れな結末しか考えられません。寄生バチに犯されたテントウムシは、〝不運〟と形容されます。寄生していたハチが体内から出た後も、テントウムシの行動は操作されているのです。寄生バチが注入したウイルスが原因です。寄生バチに共生しているイフラウイルス（*Iflavirus*）に近縁な*ＲＮＡウイルスが幼虫からテントウムシに感染して、脳内で増殖するからだと言われています。

*ＲＮＡを遺伝子とするウイルス。その一種のイフラウイルスは無脊椎動物が感染する伝染性軟化病ウイルスです。

ところで、寄生バチはどのようにして寄主（宿主）を発見するのでしょうか。その難しさは、広い砂浜に落とした一粒の宝石や、大海の小島に隠された宝物を発見するに等しいと言われています。まず、宿主が食べる植物を探し出します。宿主のふん、葉っぱをかじった跡、脱皮後の抜け殻に共通する化学物質を手がかりにするようです。
また、アリの集団に入り込んで暮らす「好蟻性昆虫《こうぎせい》」の場合はどういう方法を取るのでしょうか。アリの家族のつながりは強く、家族でなければ襲われ、食べられてしまうこともあります。アリは残飯や蛹の殻、ふんなどのゴミを巣の外の決まった場所に捨てるので、そこに好蟻性昆虫がやって来て、ゴミを食べるようになります。一種の共生関係が生まれます。さらに、アリに気づかれないようにアリの体の表面の匂い物質を舐め取り、自分の脚で全身に塗りつけ、アリをだますのです。「化学隠蔽《いんぺい》」と言います。棲処《すみか》と食べ物が狙いです。

クマとアリとテントウムシの間に成り立っている巧みな仕組みもあります。クマはアリの巣を襲って食べます。ツノゼミ（カメムシ目ツノゼミ科）やアブラムシを食べる天敵のアリが減るから、テントウムシは得をして、数を増やします。そして、植物もこれらの昆虫に食べられる被害が減ります。その結果、クマがいる所では、植物も繁殖できるのです。

第二章　テントウムシの一生——誕生、成長、繁殖、死

写真Ⅰ　羽化したばかりのテントウムシ。
　　　　左下は蛹の抜け殻。

1　誕生

ナミテントウを例に説明しましょう。桜が多いような気がしますが、木の葉の上に、数個から20個くらいの卵がまとめて産み付けられます。1個の卵の大きさは1・5ミリくらいで、色は黄色です。2～4日で孵化《ふか》して1～2ミリくらいの幼虫が誕生します。この直後から、幼虫同士の共食いが始まります。アブラムシやリンゴ、キュウリ、雑草などが近くにあれば、ある程度これを防ぐことができますが、やはり、栄養豊富で、やわらかく、食べ易いのは、ほぼ同時に生まれた幼虫なのでしょう。一塊《かたまり》の卵から生まれた十数匹の幼虫が、最後には、1匹だけになってしまうこともあります。

その後、アブラムシなどを餌にして、14～15日後、成長した幼虫は、5～6ミリになった時、突然、動かなくなります。そして、3～4回、脱皮を繰り返し、蛹になります。蛹の色は黒っぽく変色し、5～6日後に、羽化《うか》し、私たちがよく目にしている姿のテントウムシが誕生します。

その際、飛ぶ時に使われる、薄い後ろ羽（後翅）が出ていますが、これは、ゆっくりと前羽（前翅）の下に入ってゆきます。この時の体の色は薄い、黄色っぽい色ですが、時間が経《た》つにつれて、だんだん、はっきりとした色と紋が出てきます。（写真Ⅰ）

成虫の寿命は20～40日とする説と、２ヶ月～1年とする説がありますが、２年という記述も1件ですがありました。

一般的に、４～８月までが産卵期で、前述のように産卵から2～4日後の孵化を経て、23～30日後に羽化します。その他の時季には、休眠状態になります。通常は年２化で、1年に２世代を経過します。

2　成長と進化

次に、昆虫が進化の過程で獲得した3つの能力について、考えていきます。

第1は、飛行です。100〜500万種ほどもいるといわれる昆虫の中で、3億5000万年前に、飛ぶ昆虫が誕生しました。ちなみに、鳥が空を飛び始めたのは、1億5000万年前のことです。昆虫は、大空への適応を可能にする羽根を獲得したのです。幼虫から蛹、そして成虫へと成長する過程で飛翔筋を発達させせました。

これによって、圧倒的な強みを持つようになりました。空中を飛ぶ方が、地上を歩くよりもはるかに速いので、陸上の捕食者から容易に逃げられるようになり、食物や交尾の相手を探すことも、ずっと簡単になったのです。（但し、全ての昆虫が飛べるわけではありません。飛べない昆虫の代表は紙などに付くシミです。）

第2は、変態です。これには、完全変態と不完全変態があります。完全変態とは、卵→幼虫→蛹の3段階を経て、発生することです。幼虫とはまるで違った姿の成虫が誕生します。

一方、不完全変態とは、蛹という成長過程を経ることなく、脱皮をしながら、幼虫から徐々《じょじょ》に成虫になります。幼虫と成虫は同じ姿をしています。第一章1で述べた通りです。

第3は、体は小さいけれども、数が多いことです。地球上には約100京（1兆の100万倍）匹、1㎡当たり、6600匹存在していると推定されます。

体が小さいと、弱くて捕食され易いと思われがちですが、逆に得をすることもあるのです。食べ物が少なくても生きていけることです。ということは、繁殖もし易い。つまり、どんどん数を増やすことができます。アザミウマ（アザミウマ目）は、全長2ミリと小さい虫の代表ですが、その卵に寄生する、さらに小さなハチの仲間もいます。

数が多い昆虫、例えばアリは、複雑な社会を発達させて、一緒に生きています。具体例を挙げますと、

「南アメリカ原産のハキリアリは、人間に次いで大規模かつ複雑な社会を形成している。一つのコロニーに住むアリは最大で800万匹。そのすべてが姉妹であり、コロニー全体が『超個体』とも呼ばれる集団を形成して効果的に機能し、母親である女王アリの世話をする。働きアリのそれぞれは固有の役割を果たし、その役割に合った体をもっている。（中略）どういうわけか、こうした複雑な営みは主導役の個体がいるわけではないのに機能している。」（デイヴ・グールソン著『サイレント・アース』より抜粋）と言います。

アリは音でコミュニケーションを取っているとの説があります。他の生き物たちには聞こえないだけで、独特の〝言葉〟で連絡を取り合っているのでしょう。

ハキリアリは切って巣に運んだ葉を材料にして、きのこを育てるという農業を行なっています。匂いで家族を判断し、家族以外のものは襲われます。そこで、サスライアリとい

う1ミリ以下の生き物などは、ハキリアリの匂いを吸い取り、全身に塗り付けてコロニーに入り込み、口移しで食べ物をもらいます。片利共生の一例となっています。

3　繁殖

成虫になったテントウムシの一生の次のステージは繁殖（生殖）、すなわち交尾です。よく見られる行為は、メスの上にオスが乗り上がる、いわゆるマウントをしながら、オスが体を左右に激しく、そして小刻みに動かす、ボディーシェイキングです。俗にサンバといわれる行為です。リオのカーニバルで御馴染《おなじみ》の、あのダンスに似ているので、こう呼ばれています。かつてのヒット曲「てんとう虫のサンバ」は、この行為をヒントに生まれたそうです。人間から見ると、微笑ましい、面白い行為ですが、これはテントウムシの精子の受け渡しには必要欠くべからざるものである、と言われています。これを中断させると、産卵された卵が孵化しません。

オスとメス、男と女の間で行なわれるのが、有性生殖です。生き物が地球上に誕生した当初、約40億年前には、性は存在しなかった、つまり無性生殖のみだったと考えられています。単細胞生物（細菌などの原核生物、原生生物・酵母、珪藻類の大部分など）だったからです。その後、何らかの突然変異で、有性生殖が行われるようになりました。メスとは、大きな配偶子、つまり卵子を作る個体で、オスとは、小さな配偶子、つまり精子を作る個体と定義されます。

では、何のために、性は登場したのでしょうか。これについては、今も議論が続いています。ただ増殖すればいいのならば、オスなしで行なう単為生殖の方が、効率が良さそうです。オスを作る手間、「オスを作るコスト」がかからないからです。ということは、性があることの本質的な価値は繁殖ではないということです。

1つの性のみによる繁殖、メスだけで増えていく、無性生殖あるいは処女生殖という方法には、はっきりとしたデメリットがあります。それは、全ての個体が同じ遺伝子を持つことになるということです。いわゆるクローンです。それでは、環境の変化に適応しにくいので、雌雄の遺伝子を混ぜ合わせて、遺伝子の多様性を産み出し、有害な突然変異の影響を小さくしていく方法を取っているのです。つまり、2つの性の間の生殖は、遺伝物質の交換であると言えます。親のコピーを作らないこと、より多様な環境に適応できるようになること、特に寄生生物に対抗して生き抜けるようになること、を目的とした戦略だったのです。

昆虫のオスとメスの関わりには、ヒトよりもはるかに複雑で未解明な部分が多くあります。体の小さな昆虫が、どうやって地球で最多の種数を誇る存在となったのでしょうか。広い自然界の中で、いかにして同じ仲間の異性と出会い、子孫を残していくかは、大変な課題だったろうと想像されます。

先ず、昆虫のメスがオスを選ぶ例を挙げます。コオロギ（バッタ目コオロギ科コオロギ亜科）のメスは、より鳴き声の大きい、つまり体の大きいオスにひかれます。ウリミバエ

（ミバエ科）のメスは求愛時に発する音の長さによって、相手を選ぶといわれています。ホオズキカメムシのメスは直接オスを選ぶわけではありませんが、オスたちを闘わせて、勝者と結ばれます。

オスが性フェロモンを分泌・放出して、メスを誘う場合もあります。例えば、ウリミバエのオスがそうです。ブドウトラカミキリのオスのフェロモンに誘われて近づいたメスが、既に先客のメスと交尾している現場に出くわすと、なんとオスの上にマウントを試みます。交尾中のカップルは、少し移動して、マウントしかかったメスをずり落とします。先客との交尾が終わると、オスは待っていたメスと次の交尾に入ります。オスがメスを誘うフェロモンを持っている昆虫では、オスの交尾行動に対して、メスは特異な行動をとります。

普通、オスは交尾に積極的であり、メスは消極的であると言われます。オスとメスの間で、交尾行動に差異が見られるのは、何故なのでしょうか。例えば、よく動き回るオスは、メスとの出会いが増えますから、交尾に至る確率が高くなります。ところが、メスの場合は、動き回っても、動かなくても、交尾できるオスの数は変わりません。メスは一度交尾をすると、すぐに他のオスと交尾することはないのです。オスは動き回ることで、出会えるメスの数、受精できるメスの数が増えて、子どもの数も増えることになります。一方、メスは動き回ることで出会いが増えても、残せる子どもの数は、少なくとも短期間では増えません。こういった利害の差異が、オスとメスの間にあることが、交尾行動の差異の根底にあると考えられます。

ところで、スニーカーをはいたことがない人はあまりいないでしょうが、この言葉で表現される昆虫の交尾行動があります。スニーカーとは、ゴム底の運動靴のことですが、実は、こっそり歩く人の意味があるのです。

オス同士の交尾相手をめぐる争いに敗れたオスに対して使われる言葉です。新しい相手を探し求めるしかないのですが、その途上で出会ったメスの隙を見て、こっそり交尾をして、急いでまた次の相手を見つけるために逃げるように去ってゆくオス。そんなイメージの交尾行動を行うオスのことを、スニーカーと呼びます。

自分の精子を確実に受精させるための戦略も、昆虫は編み出しています。どのオスの子か分からないといった事態は、避けなくてはならないのでしょう。本能的な行動とも言えます。

交尾相手のメスが、自分よりも先に他のオスと交尾をしていた場合には、精子が交ざってしまいます。やはり、自分の遺伝子を残したいという欲求が生き物にはありますので、まず前のオスの精子をかき出してから、自分の精子をメスに渡します。この行為が昆虫によく見られるのは、精子が精包《せいほう》という袋に入っていて、他のオスの精包の取り出しを容易に行なえるからだと言われています。

例えば、カワトンボのオスの交接器の先端には、すでにメスの体内に入っている精包をかき出すための特殊な鉤《かぎ》が付いています。

鳥もこういった方法を用います。一方、哺乳類のオスは、ライバルの数を判断して、放出する精子の量を増やす方法を取ります。

4　ボルバキア

２０００年に、オス殺しを起こすボルバキア（*Wolbachia pipientis*）という微生物が、テントウムシやチョウから発見されました。ボルバキアとは、バクテリアの一種で、ヒトや哺乳類の病気の原因になる細菌リケッチアが近縁種です。リケッチアもテントウムシのオス殺しを引き起こします。ボルバキアはヒトなどの哺乳類には感染しないと言われていますが、昆虫類では、約40％が感染していると推定されます。

テントウムシなどでは、ボルバキアに感染すると、胚《はい》発生や若齢幼虫の時期にオスのみが死亡します。

ボルバキアにとっては、そのメリットは大きく3つあります。1つ目は、オスを殺すことによって、餌などの資源を分配する必要を減らします。2つ目は、兄と妹の間の交尾の可能性がなくなり、近親交配を回避できます。3つ目は感染した昆虫の共食いにより、広く同種間に伝わってゆく可能性があります。

例えば、感染したオスの個体と感染していないメスの個体の交配の組み合わせの場合は、胚発生の初期に子どもは死亡します。これは、細胞質不和合《ふわごう》と言われるもので、自分が伝わらなかったら殺すということです。ボルバキアは卵に入り込み、メスの親のみから遺伝するので、このような結果になります。

一方、両親がともに同じ系統のボルバキアに感染していた場合には、致死は起きません。父親のゲノムに施されたボルバキアによる*修飾を母親から伝わったボルバキアが解き、子どもは救済されると考えられています。

しかし、両親が異なった系統のボルバキアに感染した場合は、子どもは死亡します。父親から伝わったボルバキアによる修飾と母親から伝わったボルバキアによる救済は鍵と鍵穴と同じく正確に対《つい》をなしています。

ボルバキアによるオス殺しが進んでゆくと、メスに偏《かたよ》った集団が形成されます。オスがメスをめぐって争うという一般的な繁殖の仕組みが、メスがオスをめぐって争うように変化します。その例が、ホソチョウです。もっと進んだ状態は、単為《たんい》生殖化です。オスが産まれなくなり、オスなしで繁殖可能になります。ハチ、アザミウマ、ハダニのみで確認されています。オス抹殺の究極の姿と言われています。

オスに感染しても、その個体内にしか子孫は残せませんが、メスの卵に入り込めば、次の世代の個体内でも子孫を残せます。ですから、ボルバキアにとってはメスの数が多い方が有利なのです。

ちなみに、オス殺しを引き起こす微生物は続々と発見されています。テントウムシについては、スピロプラズマ、バクテロイデス門に属するフラボバクテリアなどがあります（参考：陰山大輔著『消えるオス』）。

＊修飾とは、生物の生きている体の中に存在する高分子を部分的に変化させることです。

5 同性愛的行為

ある日、私はテントウムシの面白い行動を目にしました。オス（タマ34代）とメス（37代）のカップルが交尾中のところへ、もう1匹、小ぶりなオス（36代）が接近してきました。そして、34代のオスに36代のオスがマウントして、3匹一緒に少しずつ動いているのです。30分後には、一旦、3匹はバラバラになりましたが、すぐに今度は34代のオスが36代のオスに接近しました。マウントはありませんでした。その代わり、さらに30分後、同じリンゴの皮の上で食事を始めました。この2匹のオス同士は、友だち関係、もしくは、プラトニック・ラブに落ち着いたかのように見えました。半日ほど経過した頃、34代（♂）と37代（♀）のカップルは再び交尾を始め、3時間くらい続きました。36代は交尾を近くで観察しているようでした。

34代と36代のオス同士の関係は、その後も興味深い展開を見せました。34代は、マウントされて以来、36代のことが気になっていたのでしょうか、あとを追いかける姿が見られました。ある時、34代は36代のお尻に頭を付けるやいなや、頭を上げて、のけぞったのです。同性のオスであることに気づいたからでしょう。この行為は別のオス同士の間でも見られました。

こういった同性愛的行為について、研究者たちはいろいろな仮説を立てています。ざっと6つほどの仮説がありますが、私が正しいと考える説は2つです。

その仮説の1つ目は、「自分の精子を相手のオスに間接的にではなくダイレクトに付着させるなどして、相手のオスの体を介して、メスの受精へと移送する手段である」というものです。

メスの37代は大変もてる個体でした。その後、31代に始まって、続いて36代、38代と、同じ巣箱の中で2匹だけにしてペアリングしてみたところ、オスの3匹は全て、37代と恋をして、交尾に及んでいます。つまり、36代のオスも、以前から37代を交尾相手として狙っていたのです。ところが、34代に先を越されてしまい、慌《あわ》てたのでしょう。何としても、自分も一枚咬んでおきたい、と思ったのではないでしょうか。

違う見方もあります。コオロギがよく例に挙げられますが、同じ精子でも若い精子の方が受精する可能性が高いので、古い精子をホモ行為によって捨てるのではないか、というのです。

34代と36代のオス同士には、さらなる後日談があります。春の盛り、4月末日、34代は膨《ふく》らんだお尻を上げて、交尾をしたそうなのですが、同じ巣箱のメスのナナホシテントウ2匹とは全く交尾できません。そこで私がナミテントウ2匹の入っている巣箱に移すと、すぐに両方に交尾を挑んだのです。そのうちの1匹が、例の36代です。この場合の34代のホモ行為には、

「性的に興奮してしまったオスが、もはやメスとオスの見境《みさかい》がつかなくなってしまった結果である。」という2つ目の仮説が当てはまります。

その他にも4つの仮説があります。

その1は、

「オス同士の闘争のようなものである。自分がより社会的ステータスの上位にあることを誇示し、結果的に多くのメスと交尾できて自分の子をより多く後世に残せるからである。」

その2は、

「メスとの正常な交尾のための練習である。この仮説によればホモ行為を行ったオスは、メスとの交尾に成功する確率が高くなるはずである。」

その3は、

「付きまとうオスを回避するために大切な時間を奪われるくらいなら、それは適度に受け流して、メスとの交尾に時間を割く、という同性のセクハラ受け流し戦略である。」

前述の私が正しいと考える1つ目の仮説と合わせて、計4つの仮説は「積極的ホモ行為仮説」と称されます。

すでに否定されていますが、「遺伝相関仮説」と呼ばれるものもあります。

「メスが沢山のオスとの交尾を受け入れた方が、より子を残すうえで有利になる生物ならば、交尾に旺盛なメスの形質はオスにも受け継がれる可能性がある。その結果としてホモ行為も増える。」というものです。

私が正しいと考える2つ目の仮説と合わせて、「消極的ホモ行為仮説」に入ります。

6　性の多様化へ

２０２３年6月16日、性的少数者への理解を広げるための、『ＬＧＢＴ理解増進法』が、国会で可決され、成立しました。Ｌはレズビアン（女性の同性愛者）、Ｇはゲイ（男性の同性愛者）、Ｂはバイセクシャル（男女どちらにも性愛感情を抱く人）、Ｔはトランスジェンダー（出生時に割り当てられた性別と自認する性別が異なる人）の略です。

この動向は日本では近年出てきたもののように感じられる方も多いでしょうが、性が２つあるという、そもそもの理由から考えてみると、どうなのでしょう。

男と女、オスとメスが、遺伝物質を交換し合い、多様性を生み出すことが、性が２つあることとの意味でした。では、逆に、性の多様性を目的とするならば、なぜ、性は２つと限定しなければいけないのでしょうか。そういった疑問も湧いてきます。コストが多くかかるから、ということでしょうか。ヒトについては、社会的な背景もあるのかもしれません。つまり、２種類に分類して、その範囲に留めておければ、法制度上も両性に関する規定だけで済むからです。長い年月をかけて築いてきた繁殖の方法ですので、そこにはそれなりの理由があるでしょう。今後も、繁殖は男女２つの性の間で行なわれると考えられていま す。

最近の研究結果として注目されているのが、性はそもそも2つではなく、オスからメスへ、男から女へ、連続していて境目のないものであるという性スペクトラムという考え方です。

ほぼすべての細胞が独自に性を有している、つまり細胞ごとに性が違うと言うのです。そして、一生の間に、スペクトラム上の位置も動くとされています。では、身体はどうやって総体としての性を持つのかというと、全身をめぐるホルモンと全ての細胞が持つ遺伝子による制御が性を同調させているからだ、とされています。

性が多様であることは、性別というもの、有性生殖というものが出現した当初から、内包されていた可能性だったのではないか、と私は今、考え始めています。

但し、この性スペクトラムの考え方が、そのまま昆虫にも当てはまるのかどうかについては、注意を要します。というのは、無脊椎動物である昆虫は、心臓—血管系が発達していません。背脈管と呼ばれる、先端と脇に開口部があるチューブの筋肉が収縮することで、血液の一種である血リンパが体の先端部に押し出され、頭や脳に届く仕組みになっています。心臓からの血流が全身をくまなく巡るということはないのです。内分泌系も発達しておらず、性フェロモンは出しているけれども、性ホルモンは存在しないと考えられています。そのため、性決定や性差の構築過程は、脊椎動物とは大きく異なると言われています。

それでも、「ショウジョウバエでもたった一個の遺伝子の変異によって、性指向に関する脳の性スペクトラム上の位置がメスからオスへと移動した個体が出現した。」とする報告が出されています（諸橋憲一郎著『オスとは何で、メスとは何か？――「性スペクトラム」という最前線』より抜粋）。

7　死と別れ

ヒトならば、親類縁者や親しい友人などとの別れに際して、悲しい思いをするのが普通です。では、テントウムシは、交尾をしていたパートナーや、同じ巣箱で一緒に過ごしていた同類が死んでしまった時に、どんな反応を見せるのでしょうか。

死んだナミテントウを巣箱に入れたままにしておきます。すると、同じ巣箱のやはりナミテントウは、死骸をひっくり返し、その頭部に自分の頭部をくっつけて、4時間くらい、そのまま動きません。この2匹はカップルでした。交尾したり、一緒に動き回って遊んでいました。

また、はっきり交尾を確認できなかったナミテントウ2匹の場合でも、死骸をそのままにしておくと、生き残った1匹は、夜になると死骸をひっくり返します。しばらくの間、死骸に吻《ふん》（口器）を付けて離れません。別れを惜しんでいるようでもあり、餌として食べようとしているようでもあります。この2匹は、夜はすぐ近くで休んだりして、仲良く暮らしていました。片方（メス）が死んでから、短時間ですが、1匹でボディーシェイキングをしていました。もしや、この2匹は生前、交尾をしていたのかもしれません。

パートナーのメスを失くしたオスが、1匹でボディーシェイキングをし始め、しばらく続けるところはたびたび目撃しました。可愛いけれども、ちょっと悲しい光景です。

こんな反応もありました。後翅を仕舞えず、動きも鈍くなっていたナミテントウの大きなオスが回復したのです。仕舞えなかった翅が徐々に仕舞われたのは、前日死んだパートナーのメスに近づいている時でした。私が死骸をのせたリンゴの皮をそのオスの近くに持って行くと、より近くに寄って行って、長い間留まり、体を接触させていました。オスはメスがすでに亡くなっていることに気づいたのでしょう。これは、テントウムシたちの弔《とむら》いだったのではないでしょうか。

これに対して、例えばナミテントウの死骸と、小さなキイロテントウ、逆に大きなナナホシテントウを同じ巣箱に長時間、あるいは何日間も入れておいても、ほとんど何も起こりません。死骸には近寄らず、避けて通り、死んだ個体が生きていた時と全く同じ生活を続けます。

種類が違うテントウムシ同士の間では、交尾も確認できませんでした。

ところで、ハエのオスも失恋するそうです。メスは一度交尾すると、次は拒絶するからです。心の痛みは体の痛みと同じですから、オスは熱や体の痛みを加えられたのと同じ反応を示します。そんな時は、辛《つら》さや痛みを和《やわ》らげて、適応しやすくするために、脳が快感物質ドーパミンなどを排出して、喜びをもたらす方法をとります。

8　共食い

ナミテントウやナナホシテントウの共食いは、生まれてすぐ、幼虫の段階から始まります。一塊の卵は、一斉に孵化するわけではなく、少しずつ孵化していきます。先に孵化した幼虫がまだ孵化していない卵を食べたり、幼虫同士でも少しでも大きい強いものが、小さな弱いものを食べてしまいます。これが、幼虫が餌を探し回るためのエネルギー源になるのでしょう。

私は共食いを防ぐために、幼虫を1匹ずつの容器に分けて、各々、餌となるリンゴの皮とカラスノエンドウを入れて飼育してみました。幼虫もリンゴを好み、よく食します。長い間、頭部だけを付けたり、体全体を乗せたり、あまり離れることはありませんでした。

その結果、もちろん共食いは起きないわけですが、やはり徐々に数を減らしていきました。結局、幼虫同士を分けずに共食いを放置するのとほぼ同じく、約1週間で全て死んでしまいました。

やはり、捕食性のテントウムシの幼虫の生育に必要な栄養素が揃った餌は、リンゴではなく、アブラムシなどの昆虫だという結論に至りました。このアブラムシなどが食べ尽くされた場合は、共食いが起こると考えられています。

次に、成虫の間で起こる共食いについての観察結果です。私が飼育した四十数匹のうち、共食いをした個体は3匹でした。すべて食したのは、死骸でした。生きているものを食べたものはいません。その様子を日記から拾ってみます。

「同じ巣箱に入っているナミテントウのオスは、メスの死骸をじっと見ています。しばらくしてから接近して、リンゴの皮の上から死骸を引きずり下ろしました。仰向《あおむ》けに引っ繰り返して、腹部のあたりに頭部を付けてから、何時間も経過しました。死骸の体の奥に、オスの体が徐々に入っていくように見えました。食べていたのです。死骸からオスの体が完全に離れたのは、翌日のことでした。堅い部分（頭部、脚、前翅、腹部腹板）と後翅だけが残っていました。内臓は全て食べられていたのです。自分より大きな死骸を、普段の何倍もの大きさの真っ黒なふんを出しながら、見事に完食していました。そして、その後も長く、リンゴを食べながら、何の変わりもなく、元気に生きていきました。」

共食いはテントウムシの獰猛《どうもう》な一面を現しているとも解釈されています。ですが、３匹のうちの1匹は成虫で採集してから１９５日（２０２２年11月25日～２０２３年６月７日）という、飼育最長記録の個体となりました。共食いは、不足していた栄養分を補給するための本能的な行為だったのでしょう。

第三章　テントウムシの謎

1　集団越冬・集団越夏

テントウムシについて、ファーブルも〝分からなかった〟こととして、『昆虫記』に記された行動があります。

「10月、高さ2000メートルのヴァントゥ山の頂上の礼拝堂で、ナナホシテントウムシが壁や石屋根など石という石の上にお互いに体をすり合わせながらくっついていた。」

また、「6月、ヴァントゥ山の近くの734メートルのサンタマン高原で、ずっと数の少ない群がりを実見した。絶壁の縁の石の台の上に十字架、その土台の岩の上にナナホシテントウムシが隊をなして集まっていた。大部分じっとしていたが、太陽がかっと射しかけているところはどこでも、現在占領者と、やって来る者との間の入れ代りが絶えず行われていた。」とあります（『ファーブル昆虫記1』より抜粋）。

私が飼育してきたテントウムシの大半は、私の住居に飛来してきたものですが、その次に多いのは、集団越冬中のものです。

12月頃の寒い時季、建物の壁などで、何十匹ものテントウムシが固まり、一部は重なり合いながら、寒さから身を守り、耐え忍び、生き延びようとしている様子は、本の写真でよく見ていました。が、実際に本物を目にしたのは、今住んでいる集合住宅に引っ越してきた7年ほど前からです。今年から、そのテントウムシの数はぐんと減り、ほとんど来なくなったのですが、理由はよく分かりません。

ファーブルが目の当たりにした、ナナホシテントウの集団は、越冬と越夏の前の準備期間の行動ではないか、と思われます。ヒトの言葉で表現すれば、「もうすぐ厳しい冬だよ。」、「じきに暑い暑い夏がやってくるね。」などと、確認し合う場になっていたのではないでしょうか。この期間には、テントウムシたちの群飛が見られると記している書物もあります。

但し、越冬と越夏、ナミテントウとナナホシテントウでは、差異があります。生息域によっても、違いがありますので、以下、日本の場合です。

先ず、ナミテントウの越冬は、秋の終わりの風のない暖かい晴れた日に、群れで飛び立ち、白っぽい岩や建物に、数十から数千匹が集まり、集団で休眠越冬します。但し、個体によっては交尾もします。見通しや日当たりのよい場所であることが条件で、毎年同じ場所とされています。

それに対して、ナナホシテントウは、天気のよい暖かい日には、草むらで日向ぼっこをしているのが見られます。冬の間の不活発な状態は、低温による活動の抑制に過ぎず、本当の休眠はしません。

では、暑い夏には、どのようにして生き抜いているのでしょうか。ここでも、ナミテントウとナナホシテントウでは違いが見られます。

ナミテントウは不活発にはなるものの、それは高温のために活動が抑制された状態と考えられています。

ナナホシテントウは、大部分の地域で夏眠します。夏眠をする地域では、6月から8月上旬にかけて、成虫がススキの根元などに数十匹の集団をつくります。卵巣の発育が抑制されて、交尾も産卵もしません。呼吸量も著しく低下し、休眠状態になります。

なぜ、ナミテントウとナナホシテントウとでは、休眠時期が逆転しているのでしょうか。その理由は、生活場所が違うからだとされています。ナナホシテントウは1年を通じて畑や草原が活動場所で、夏には餌のアブラムシが不足するので、休眠します。一方、ナミテントウは、夏には樹上で生活しており、ここでは餌のアブラムシの不足は起こらないので、休眠する必要がありません。

不思議なのは、なぜ、ナナホシテントウは夏の間、樹上に行って餌を食べないのか、です。ナナホシテントウとナミテントウを一緒に飼育してみて気づくのは、この2種の間の交尾が見られないことです。容姿の違い、体臭の違いなど、つまり相性の問題なのでしょうか。同じことは、キイロテントウとナミテントウやナナホシテントウの間でも言えるようです。同じリンゴという餌を与えられて、同じ巣箱で一緒に暮らしていても、交雑は見られなかったと記憶しています。同じような場所で、同じような餌を争いながら生きるよりも、少しでも住み分けて、譲り合い、平和的に共存する方が賢い生き方ともいえます。

例外的な現象として書いておいた方がいいのではないかと思われるのは、私の住む集合住宅の一角のテントウムシたちの越冬場所では、ナミテントウもナナホシテントウも見られたことです。都会では、住み分けが緩んできているのでしょうか。

また、キイロテントウは集団越冬も集団越夏もしないようです。冬も夏も、1～2匹という個体が、我が家の玄関の上の白い壁に一定時間よく留まっています。

なぜ、集団で行動するのか、という点ですが、メリットもデメリットもあります。メリットは1人や1匹よりも、他者や他種の生き物に威力を見せつけられることでしょう。デメリットとしては自分（たち）より強い者、例えば捕食者に対しては、〝より存在が目立ってしまう〟ということがあります。どちらを取るか、微妙な問題です。テントウムシという昆虫は、そもそも目立つ紋様と配色（警戒色）の体とアルカロイドという毒を持つことを選択している生き物であることから推し測りますと、集団になって、〝より目立って、威力を見せつける〟こと＝威嚇を選択しているのではないでしょうか。

それから、例えば、植物の色鮮やかな花も受粉のためであると言われていますので、テントウムシも交尾相手の気を引くために派手な色をしているという解釈も成り立ちます。より多くの仲間を集めて、より目立って、交尾の相手に出会う機会を多くすることも、集団行動の利点と考えられます。

社会性昆虫という言葉があります。「血縁個体が集団で共同生活を営む昆虫。ワーカーがおり、巣内で分業が成立している。アリ・ハナバチ・カリバチの一部、シロアリの類。」と定義されています。厳密な意味では、テントウムシはこれには該当しませんが、集団越冬・集団越夏については、一定の社会性が認められます。

2　学習能力

多摩動物公園の職員さんが、コオロギに犬の芸「お手」を覚えさせることに成功したという新聞記事が載っていました。

「2012年、コオロギが好きな水滴をご褒美《ほうび》に訓練し、ミニチュアの垂れ幕のひもを引く芸を覚えさせることに成功。同じ要領で、指先をコオロギに見せた後、ご褒美を与えることを繰り返した結果、ハイタッチのような『お手』をするようになった。

コオロギは3～4日で芸を覚えるといい、『意外と知られていないコオロギの学習能力の高さを通して、昆虫全体に興味を持ってもらえれば』とのことでした。」（読売新聞　2014年3月14日付　朝刊より抜粋）

昆虫の学習能力の高さとは、一般の人には意外かもしれませんが、テントウムシを飼育している私には、あまり意外ではありません。

イギリスの生物学者ダーウィン（Charles Robert Darwin, 1809～1882）は、「飼育栽培下では、実に奇妙な変異が数え切れないほど生じる。そして、そうした変異は遺伝する傾向を強くもっている。」と『種の起源』の中で書いています。

「有利な変異は保存され、不利な変異は駆逐される」という自然選択（自然淘汰《とうた》）の原理がヒトの手でなされると、強力な威力を発揮します。これが「人為選択」です。

厳密には、「変異」には該当しないかもしれませんが、餌を獲得するために、コオロギはヒトの指先にタッチするという行為を新たに修得したと解釈できます。

私が飼育しているテントウムシの、飛翔ではなく、私の手指に乗って伝《つた》い歩くという行為も、こうした〝変異〟の一種と考えていいのかもしれません。リンゴという美味しい餌をもらうための行為だったのか、別の目的があったのでしょうか（本章6と第四章へ）。

生き物にとって、記憶する能力は大変重要なものであることは論を俟《ま》ちません。それは、いろいろな環境の中で生き抜くこと、特に、食べ物を見つけ、摂取することに直結しているからです。そのためには、匂いや味を学習して、その記憶を脳内に留めておく必要がありますが、ヒトと他の動物の違いはどこにあるのでしょうか。知識や経験を生かして、味を楽しめるヒトに対して、他の動物は栄養になる必要な物は飲み込み、それ以外は吐き出すという点でしょう。

昆虫は、食べ物の匂いの学習においては、特に優れた能力を持っています。その学習はどのようになされたのか、有名な「パヴロフの犬」の条件反射で説明を試みます。前述のコオロギの例では、職員さんの指先が条件刺激で、コオロギの好きな水滴が無条件刺激、職員さんの指先を見た時に起こるハイタッチが条件反射ということになるのでしょう。

私の飼っているテントウムシの場合は、私の差し出した手指が条件刺激で、餌のリンゴが無条件刺激、私の手指に乗り移る行為を条件反射として説明することもできます。

ちょっと余談ですが、飼い主に連れられて散歩している犬と目線が合うことがあります。そういう時に、犬はペロペロと舌で口元をなめます。この場合は、アイコンタクトが条件刺激で、餌が無条件刺激の、条件反射の一種として説明できるかもしれません。

3　記憶力

はしり梅雨の季節に入った5月半ば、いろいろなテントウムシが我が家に出入りするようになっていました。ベランダの室外機の上に、３匹の蛹を入れた巣箱を5月９日から置いてみました。まず、キイロテントウ１匹がやってきました。5月11日のことです。うどんこ病菌のカビを食べることで知られていますが、試しにリンゴの皮を与えてみました。やはり食べませんでしたが、私の手指にほどなく乗ってきて、歩き回ります。リンゴの皮の上に乗せて巣箱に戻しましたが、すぐに飛び去りました。ところが、同日夕方、このキイロテントウが戻ってきていました。戻ってこられることに初めて気がつきました。12日には、ナミテントウが２～３匹やってきては去り、また戻ってきてはリンゴを食べたり、夜は巣箱の中のツツジの葉の間で休んだりしていました。巣箱はタテ20センチ、ヨコ14センチ、深さは２センチほどの小さな物です。蓋のないオープンな巣箱で何匹ものテントウムシの姿を見られたことに、ちょっと不思議の感を覚えました。庭には鳥が沢山いますので、やって来てはふんを残していきます。テントウムシなど飛翔性昆虫も、草木の多い所だけでなく、集合住宅の４階のベランダにもチェックを入れているとは少し驚きました。出たり入ったり、巣箱は生育場所の一端になっていたのです。餌のリンゴの皮は２センチ四方くらいです。視覚、嗅覚、触覚など、想像以上に優れています。ちなみに、テントウムシなどの昆虫の主な嗅覚器は、触角です。

4　本能と進化

生き物は全て、その化学的な要素や成分、細胞の構造、成長や生殖についての原理など、多くの共通点を持っています。このことから、かつて地球上に存在してきた全生物は、唯一の原初的な生物に由来していると考えられます。1859年にダーウィンが体系づけて提唱した進化論の出発点です。最終普遍共通祖先と今では言われています。それは、バクテリアのような微細な生物＝アーキア（*archaea*）です。深海底の熱水噴出孔あるいは火山性の熱泥泉で、40億年ほど前に誕生したとされています。

さらに、最新の研究により、生命のルーツは宇宙にあるのではないか、との説が出てきており、探査が行なわれています。いくつかの星の砂や岩石などが採取されて分析が進んでいるのです。その結果、生命の元となる有機物が確認されています。今後の研究で、詳細が明らかになっていくのではないかと期待されています。

ダーウィンにとってはヒトも、自然界の構成員のひとつであり、あらゆる生物を支配する自然界の法則の下にある存在でした。もちろん昆虫も然りです。

では、その自然界の法則とは、どのようなものなのでしょうか。

生物同士の生き残りを賭けた生存競争と相互関係という一般的な原理により、ある地域の多数の生物が変異している場合に、なんらかの変異も遂げない種は、絶滅してしまう可能性が高いと主張します。つまり、変化しなければ滅びてしまうということです。同じ所に留まっていては、周囲が先に進んでいく中では、後退しているのと同じなのです。

昆虫の本能も、変異を起こすとダーウィンは考えました。同時代人であったファーブルとは意見が大きく違っていました。

但し、生存競争という言葉は、必ずしも個体同士の争いや奪い合いの意味ではなく、生存や繁殖において、有利と不利が生じてくる全ての原因を指していると現在は解釈されています。ダーウィンの言う進化を一言で表すならば、自然淘汰により生存に有利なものが生き残ることです。

それに対して、ファーブルは『昆虫記』の中でいろいろな昆虫について書いていますが、その生態については一貫して、全て本能によるものであると主張しています。知性を持ち出して、昆虫の多くの行為を説明できると信じている進化論は、その証明をしていないと言っています。1879年から1910年にかけて発行された全10巻に及ぶ、この書物は、ダーウィンの進化論に対して、真っ向から反対を唱えています。複雑で巧妙な本能が、単純な行動から進化したなどということはあり得ないと言うのです。

さて、どちらが正しいのか、という判定をするべきなのか否か、私は迷います。その後、数多《あまた》の研究成果が積み上げられてきて、この先学《せんがく》の功績が古びてしまったのかどうかについても、結論は出しかねます。

よくいわれているのは、ふたりとも、*メンデル（Gregor Johann Mendel）の遺伝の法則が発見・発表される以前の優れた研究者であるということです。

私は、ファーブルの主張する〝本能〟とは何なのか、よく考えます。辞書を引きますと、「生まれつき持っていると考えられる行動の様式や能力。特に動物が外界の変化に対して行う、生得的でその種に特有な反応形式。」とあります。ファーブルは、昆虫が持って生まれた行動様式、生態、習性などを、それがどんなに複雑なものであっても、一律に、本能と表現しているようです。昆虫の精妙な本能が単純な行動から進化したなどということはありえないと言い切っています。しかし、生まれつき持っているものだけで、環境の変化に適応して生き残っていけるのか、が問題です。生き残るためには、変化・変異を遂げなければならなかったのではないでしょうか。

ファーブルはハチについて、特に詳しく研究しています。そもそもハチという昆虫が翅を備えた体になったのは、素早く行動して、餌を獲得しやすくするため、そして、繁殖のチャンスも増やすためでした。それが、進化の源です。ダーウィンは、本能は常に完璧《かんぺき》というわけではなく、過ちを犯し易いものだといっています。そこに、変異の必要性、可能性が潜《ひそ》んでいるのではないかと考えられます。本能は間違いなく変異するのだ、と主張し

郵 便 は が き

料金受取人払郵便

新宿局承認

2523

差出有効期間
2025年3月
31日まで
(切手不要)

160-8791

141

東京都新宿区新宿1－10－1

(株)文芸社

愛読者カード係 行

お名前《ふりがな》			明治 大正 昭和 平成 年生 歳		
ご住所《ふりがな》	□□□-□□□□			性別 男・女	
お電話番号	(書籍ご注文の際に必要です)	ご職業			
E-mail					
ご購読雑誌(複数可)			ご購読新聞 新聞		

最近読んでおもしろかった本や今後、とりあげてほしいテーマをお教えください。

ご自分の研究成果や経験、お考え等を出版してみたいというお気持ちはありますか。

ある　　ない　　内容・テーマ(　　　　)

現在完成した作品をお持ちですか。

ある　　ない　　ジャンル・原稿量(　　　　)

書　名			
お買上 書　店	都道 府県　　　　市区 郡	書店名	書店
		ご購入日	年　　月　　日

本書をどこでお知りになりましたか?
1.書店店頭　2.知人にすすめられて　3.インターネット(サイト名　　　　)
4.DMハガキ　5.広告、記事を見て(新聞、雑誌名　　　　)

上の質問に関連して、ご購入の決め手となったのは?
1.タイトル　2.著者　3.内容　4.カバーデザイン　5.帯
その他ご自由にお書きください。
(　　　　)

本書についてのご意見、ご感想をお聞かせください。
①内容について

②カバー、タイトル、帯について

弊社Webサイトからもご意見、ご感想をお寄せいただけます。

ご協力ありがとうございました。
※お寄せいただいたご意見、ご感想は新聞広告等で匿名にて使わせていただくことがあります。
※お客様の個人情報は、小社からの連絡のみに使用します。社外に提供することは一切ありません。

ています。但し、自然は飛躍せず、複雑な行動も、単純な行動が少しずつ変更されることで進化が可能だった、ということです。

ダーウィンの進化論に基づいて、ヘッケル（Ernst Heinrich Häckel, 1834 ~ 1919）が提唱した生物の系統樹は、今ではＤＮＡ研究の発展などにより、大幅な修正が加えられていますが、進化論の根本は、今も大きな役割を果たしています。

現代進化学は、ダーウィンの理論を遺伝学で補完しています。細胞内の染色体に存在する遺伝子の本体はＤＮＡです。ＤＮＡは、突然変異によって多様になっていきますが、その中で環境に最もよく適応し、生存競争に勝利した生物のＤＮＡが生き残ることで、遺伝情報に変化が起きます。変化した生物の特徴が、多くの子孫を残すことによって、集団内に広まります。

但し、ＤＮＡやタンパク質などの分子レベルでは、変化（突然変異）のほとんどは「中立」で、集団内に広まるか否かは、偶然に決まる、つまり、幸運なものが生き残るという異説もあります（「中立進化説」）。

＊メンデルは１８６５年に優性の法則、分離の法則、独立の法則という３つの遺伝の法則を発表しましたが認められませんでした。１９００年に２人の人物により、ようやくその意義が確認されました。

一方、ファーブルは細部にわたる長年の観察、そして類《たぐ》い稀な昆虫愛に裏付けられた、美しい文章表現によって、「博物学としての生物学」ともいうべきものを究めたのです。

それだけでなく、ファーブルのいう本能を、遺伝的に決められた行動や能力と解釈しますと、哺乳類に比べて、昆虫の場合は、経験や学習で変わったものよりも、遺伝的なものの割合が高いということは事実だと考えています。

本来、生き物の身体は、それを支配する遺伝子によって、おおよそ決められています。遺伝子が描いた設計図通りに作られます。個々の部位の構造について持っている設計図を遺伝子型と、それに従って実際に作られる形を表現型と言います。

また、同じ遺伝子でも、スイッチが入れられる場所とタイミングが違うと、違う構造を作り上げます。例えば、メダマヤママユ（チョウ目ヤママユガ科）の翅の目玉模様と昆虫の脚を形成する遺伝子は同じです。

そして、生物が示すいろいろな行動も、多くは遺伝的に決められているか、少なくとも、遺伝的な拠《よ》り所《どころ》を持っていると考えられています。但し、脳が発達した動物の行動は、遺伝的に決められた行動の範囲内には止まりません。

昆虫の場合は、特定の行動を引き起こす遺伝子自体が発見されています。一例を挙げますと、巣の清掃をまめに行なうミツバチの行動はわずか2個の遺伝子の働きによるものです。

現在、ダーウィンの進化論は、多彩で複雑な展開を見せています。「生態系」という概念が出てきているのです。哺乳類や昆虫など動物だけではなく、植物や微生物なども含んだあらゆる生物と、それを取り囲む環境のシステム全体を研究するものです。

具体的には、植物が天敵昆虫とコミュニケーションを取って、身を守っていることなどが挙げられます。例えば、カメノコテントウとヤナギルリハムシ（コウチュウ目ハムシ科）の関係です。テントウムシの視力は、0・01と言われています。カメノコテントウがヤナギを食害している最中のヤナギルリハムシの幼虫を狙って近寄ることは、視力だけに頼っていては難しいかもしれません。では、どうやって狙いを定めているのでしょうか。最新の研究で分かってきたのは、食べられているヤナギから特別の、いわば「SOS!」のメッセージが出されているということです。

「傷ついた葉っぱから出るのは、いわゆる緑の香りや、揮発性のテルペノイドといった化学物質です。これらの物質のブレンドの比率の違いにより、ヤナギはヤナギルリハムシの成虫に食べられているのか、それとも幼虫に食べられているのかを認識して、異なるブレ

ンドの匂いを発します。カメノコテントウが好むのは幼虫の食害で出るブレンドです。」（髙林純示　インタビュー）

ヒトの目では見えませんが、今では微量成分の解析が可能になり、130以上のメッセージを出していることが分かってきています。

さて、植物の進化と多様性を飛躍的に推し進めたのは花の誕生でした。花を持つ被子植物と昆虫の間で、共進化が起きたのです。恐竜時代の後期・白亜紀の出来事です。

「それまでの植物は、虫に食べられるだけの受け身の存在でした。ところが花ができたことで、虫を花粉の運び手として積極的に利用することが可能になった。害をおよぼす虫を逆に利用するという大転換がそこにあったわけです。とはいえ被子植物が虫の餌であることに違いはありません。だから被子植物は虫を引き寄せながらも、追っ払うための化学物質を作る機能も進化させていきます。虫は虫で、その防御を切り抜ける機能を進化させるのです」（西田治文　インタビュー）

また、被子植物は裸子植物に比べて、世代交代も速く、進化もスピードアップさせました。

多様性を最も誇る生き物は、昆虫と言って間違いないでしょう。全生物種の半分以上を占めています。小さいけれども、いえ、小さいからこそと言った方がいいでしょうか、地球上のあらゆる場所に棲み、適応してきました。食べ物は少ない量で、棲む場所も狭くても大丈夫だからです。

その能力の主たるものは、飛翔と変態です。

4億年ほど前に陸地に現れ、3億5000万年前頃、鳥よりも2億年も前に飛び始めたと言われています。

また、短期間にまるで別の生物のように姿形を変える完全変態は3億年ほど前から始まったとされています。89万種で確認されています。そして、9000万年前には、驚くべき社会性を持ち、爆発的に増えたハキリアリが出現しました。

但し、昆虫が翅を獲得するに至った前後、どのような進化の過程を辿ったのか、についてはまだほとんど明らかになっていません。翅を持たない昆虫と翅を持つ昆虫の中間段階の化石が発見されていないからです。

地球上の生命の歴史と微生物の歴史はほぼ重なっています。40億年前、アーキア（古細菌）という微生物の一種が生命の始まりと考えられているからです。目には見えないけれども、確かに存在している生き物、それが微生物です。最も古くから地球に存在しているけれども、発見されたのは最も新しい生き物なのです。３００年ほど前、オランダのレーウェンフック（Anton van Leeuwenhoek）が自作の顕微鏡で細菌・原生生物を発見しました。

ヒトの体の中には、１０００種類、１００兆の微生物が棲みついています。微生物は地球上の生物の進化に影響を及ぼしてきたようです。脊椎動物の祖先はヒレや肺を使って、陸上で呼吸し、体を支えて、腸で食物を消化して生きてきました。そのためには、腸内細菌、つまり腸に微生物を棲みつかせる必要がありました。

アーキアまで遡りますと、好気性細菌と共生することで、酸素を解毒させていました。

植物は、陸上に進出するにあたり、微生物の力を借りました。キノコを作り出す地下の微生物＝菌が、根の部分に付着し、水分・窒素・リンを与え、植物は光合成により作り出す糖分や脂質を菌根菌に分け与えました。さらに、菌糸を介して森の木々同士もつながっているのです。

昆虫の場合は、共同細菌カプセルが母から子へ受け渡されます。マルカメムシの卵とともに産み出される黒い粒は微生物の一種です。食べ物であるクズの葉の汁から、タンパク質を製造するための必須アミノ酸を作ります。

微生物は生物の進化に貢献してきただけでなく、環境問題の解決にも役立つようです。世界で年間約８００万トンと推計されるプラスチックゴミを10時間で90％分解し、リサイクル可能にしました。

　また、「……ピロリ菌の除菌治療が普及するにつれて、たしかに胃潰瘍《いかいよう》や胃がんは減ってきていましたが、別の病気が増えていることにも気づかされたのです。胸焼けを引き起こす胃食道逆流症や食道腺がんなどです。……人は微生物なしでは決して生きていけないのです。」（マーティン・ブレイザー　インタビュー）

　環境に適応して勝ち残ったものだけが生き抜けるという自然淘汰の考え方から、多様な生き物たちの共存のルールへ――そのキーワードは多様性と寛容性であるという説には説得力があります（野村暢彦　インタビュー）。

　これからも進化論の新たな探求は続いていくことでしょう。

（参考：ＮＨＫスペシャル取材班、緑慎也著『超・進化論』）

5　微小脳

昆虫の脳は「微小脳」とも表現されます。「微小脳」は「外骨格をもつ動物の脳」と定義されています。第一章で述べた通り、昆虫は無脊椎動物で内骨格—背骨などを持たない代わりに、外骨格で全身を守っています。

ヒトなどの哺乳類の大きな脳に対して、昆虫の微小脳はどこまでが同じで、どこが異なるのかを考えるためには、遺伝子レベルまで入っていく必要がありそうです。

近年、個々の生物種のＤＮＡ配列を比較することによって、全ての生物は想像以上に共通点が多いことが判明しています。

例えば、体の基本設計を決める遺伝子、眼や心臓、体内時計、さらには中枢神経系の形成に関わる遺伝子などです。

構造を作る遺伝子と、そのスイッチをオンにしたりオフにしたりする遺伝子の組み合わせによって、多様な姿かたちの形成が可能なようです。つまり、極端に言えば、同じ遺伝子を使って、ヒトを作ることも、昆虫を作ることも不可能ではない、ということでしょう。

また、脳の機能にも共通性があります。昆虫の脳とヒトの脳は、その基本的な部分を共通の祖先から引き継いでいるからです。例えば、嗅覚は独立して進化してきたと考えられますが、食べ物を探す、異性を引きつける、同じ巣の仲間を見分ける場合などに働きます。視覚については、視力でいえば、0・01〜0・02とされており、ヒトよりかなり弱いのですが、体のサイズに見合っているのではないでしょうか。捕食者との関係で、大きな動物は遠くまで見える必要がありますが、小さな動物は身近《みぢか》なものだけを見分けることができればよいということです。これは、ハエやハチについて、と限定付きですが、1秒間に捉える画像のコマ数が多い、時間的な解像度が高い、のです。

つまり、「昆虫の微小脳は小さなスペースに多くの機能を整然と詰め込んだ『集積回路』であり、一方スペースにゆとりのある哺乳類の脳では、*ニューロンの集積度を上げる必要性が高くない」（水波誠著『昆虫―驚異の微小脳』より抜粋）と言われています。

＊ニューロンとは神経細胞のことです。

6　顔の識別と情報伝達

テントウムシなどの昆虫についての最大の謎は、脳や能力でしょう。本章2から、この問題について考えてきました。この6では、最新の研究成果に言及してみます。ミツバチなどのハチについて特に研究が進んでいます。ただちに、あらゆる昆虫に適用できるのか、は疑問ですが、ちょっと信じられないような、有能ぶりが報告されています。

先ず、『昆虫の惑星』から、要約して記述します。

①昆虫は数を数えることができる。②教師役をつとめることもできる。③仲間やヒトの顔を識別することもできる――と、いうのです。

③の具体例は以下の通りです。

アシナガバチ（スズメバチ科）の元来の模様を消すようにフェイスペイントされた個体は、巣に戻ると仲間たちから手荒に扱われましたが、数時間経つと、よく知っている相手だと認識されました。ミツバチ（ミツバチ科ミツバチ属）はなじみの顔を、少なくとも2日間は記憶しているそうです。

寒い冬のある晩のこと、飼っているテントウムシのタマの巣箱をファンヒーターの近くに移し、さらに電灯の明るい光を浴びさせていました。タマは活発に動き始め、飼い主のすきを狙って、巣箱から飛び出してしまいました。蛍光灯から垂れ下がっているひもを伝って、円形の蛍光管の中にまで入っていきそうです。火傷、感電の可能性があります。私は慌てて椅子に乗り、「危ないから、こっちにおいで」などと言いながら、手指を差し出しました。すると、ほどなく私の手指に乗り移ってきたのです。蛍光管の危険な高熱を感知しての行動かもしれません。ですが、そうならば、飛び立って、その場を離れれば済むことです。それなのになぜ、私の手指へと移ってきたのでしょうか？　これは２００８年1月20日の出来事ですが、２０２１年3月29日の夜にも別の個体で同じことが起こりました。

この行動の理由を考え続けてきました。

特に、昆虫の嗅覚と視覚に注目しました。食べ物を探す際に必要不可欠な嗅覚、タマの場合は、リンゴの匂いを私の手指に嗅ぎ取り、記憶していたのでしょう。そして、視覚により、食べ物のリンゴを提供する私の手指や顔を識別し、記憶していた可能性が十分に考えられます。

ヒトが昆虫の好む美味しい餌をあげて飼育しているだけで、ヒトとハイタッチをしたり、ヒトの手指に乗り移ったりする〝能力〟を、昆虫は潜在的に十分持っているのではないでしょうか。しかし、その〝能力〟を引き出す何らかのヒトの行為がやはり必要なのかもしれません。

それから、脳の大きさについても新しい考え方が出てきています。

「科学における近年の見解では、知能は単純に脳の絶対的な大きさで決まるものではないと考えられている。脳の大きさよりは、脳が体重に占める割合（中略）、の方が知能を正確に現すとされる。」（アイリーン・M・ペパーバーグ著『アレックスと私』の訳者《佐柳信男》あとがきより抜粋）

昆虫は体が小さいので、脳も小さいわけです。では、なぜ昆虫の体は小さいのでしょうか。外骨格を持つ昆虫、甲虫についてはこんな理由があります。

第1に、呼吸器官の問題があります。気管と呼ばれるものです。気門から入った空気は気管を経て、その末端の薄い壁を通じて、組織に直接酸素を届けます。肺はありません。体のサイズが大きく、酸素を拡散すべき距離が長いと、はなはだ効率が悪いのです。

第2は、餌・食料をめぐる哺乳類や鳥類など恒温動物との競争の問題です。対等に競争しても、昆虫は勝てません。一方、恒温動物にも、小さくなるのに限界があります。体の小さな動物ほど、体積あたりの表面積が大きく、体の表面から熱がどんどん逃げてしまいます。ですから、小さな変温動物として生きる道を選んでいると考えられます。

昆虫の一種であるミツバチの脳の重さは、0・001g、ヒトの100万の1にも満たないものです。しかしハチ、特にミツバチの集団行動の1つに、分封《ぶんぽう》（分蜂）といわれるものがあります。春や夏に増殖した女王を含む一群が古い巣から新しい巣に移ることです。この際に、群れの何匹かが新しい巣の候補地を方々飛んでいって探します。その基準は、仲間のハチを何匹見かけるか、ということです。そして、最終的に90%以上の仲間が選んだ所に決定します。社会性昆虫であるミツバチは、集団で意思決定を行う、つまり集団で一つの脳を持っていると解釈できます。小さな脳は、集合知を発揮するわけです。一種の情報伝達が行なわれているとも考えられます。

マルハナバチ（ミツバチ科マルハナバチ属）やミツバチは蜜や花粉を巣に持ち帰らなければなりません。仲間たちが飢え死にしてしまうからです。ですから、帰巣《きすう》能力はとても重要です。ハナバチなどは太陽と地球の電磁場を羅針盤として、長距離を移動し、地上の目印の位置を記憶しています。そして、前述②の教師役として、仲間に蜜や花粉が多い花の咲いている場所の情報を伝えていると考えられます。

アリなどの昆虫も、あらゆる電気回路から発生している電磁場を検知できると言われています。マルハナバチは静電気も検知でき、利用していると最近の研究で明らかになっています。

7　死んだふりとカモフラージュ

全長5ミリ、黒地に赤い紋が2つ付いているナミテントウは、新入りです。得意技は、引っ繰り返って、しばらくの間ピクリとも動かない〝死んだふり〟です。採集した初日から、日に数度、「死んだのかな?」とギクリとさせられました。体を元通りに起こしてあげれば、また動き始めます。

次に採集した、ほぼ同じ外見のナミテントウにも、同じ得意技が見られました。採集の仕方がかなり強引だったのでしょうか、共用廊下の天井から床に落下してしまいました。そして、その拍子《ひょうし》に引っ繰り返って動かなくなりました。自宅に連れてきて、巣箱に入れてからも、しばらく動かず、死なせてしまったのかと思っていたら、少し動くようになり、安心しました。私が手指を差し出すと、すぐに乗ってきて、勢いよく動き始めました。このナミテントウの行動も〝死んだふり〟です。

死んだふりは、外部刺激に対して一定の時間、動かなくなる独特の不動のポーズをとる行動＝擬死行動と定義されます。独特のポーズをとらない単なるフリーズ行為とは区別されます。では、独特の不動のポーズとは、どのようなものかといいますと、昆虫の場合は、引っ繰り返り、脚なども引っ込め、胸または腹部に付けた状態です。

昆虫には活動モードと静止モードがあります。活動モード（歩いている時、食べている時など）にある時は、そのまま走って逃げます。それに対して、静止モード（止まっている時、お腹がいっぱいの時など）にある時には、死んだふりをします。前述した2匹は死んだふり行動の直前に、正《まさ》しく静止モードにありました。

では、何の役に立つのでしょうか。一言でいえば、捕食回避です。捕食者は動く餌に反応します。昆虫が死んだふりをすれば動かないので、捕食者は餌として認識しません。実際に捕食回避にある程度は役立つのですが、完璧に生き残るには、ある条件が必要なようです。それは、周囲に普通に動き回っている生物たちがいることです。集団で暮らし、捕食者の犠牲になってくれる仲間がいれば、その効果を最大限に発揮できます。

また、死んだふりには、脳内のある物質が関わっていることが最近、分かってきています。それが神経伝達物質のドーパミンです。ヒトのパーキンソン疾患と関係していることが指摘されてきた物質です。このドーパミンが欠乏したヒト、マウス、線虫、昆虫に共通している運動障害があります。それは、曲がる時にスムーズに速度を落とせないというものです。昆虫の死んだふりの場合、その継続時間が長いものは歩くスピードがゆっくりで、真っ直ぐに進む傾向が強いようです。それに対して、継続時間が短い、つまり立ち直りが速いものは、ちょくちょく方向を変えながら歩きます。

死んだふり行動は、生物進化において有利な形質であり、遺伝により後の世代に広く伝わる、すなわち自然選択によって進化する形質であると主張する説がある一方で、ドーパミン欠乏の一症状ではないか、という指摘もされているわけです。

また、こんな説もあります。実は昆虫は死んだふりをするのではなく、突《つつ》く、落下させるなどの刺激で筋肉が硬直して動けなくなるだけだというのです。それが結果的に捕食者から逃れる方法になっていることは間違いありません。実際、カモフラージュ（擬態など）のうまい昆虫が、特に死んだふり類似の行動をよくします。例えば、メダマヤママユが翅の目玉模様を見せたり、トラフヤママユが、お腹の縞模様を見せて静止するのも、一種の死んだふり行動（フリーズ行動）です。

ここで、テントウムシには見られませんが、擬態について触れておきます。擬態には2つの型があります。ひとつは、ベイツ型擬態です。毒がある昆虫は、目立つ色や模様で毒を持つことを誇示し、捕食者を威嚇します。すると、無毒な昆虫の中に、それを真似するものが現れます。チョウによく見られます。

ふたつ目はミューラー型擬態です。例えば、ハチのように毒のある昆虫同士の間で姿を似せたり、似た姿形をした有毒の他の種の間でも行われます。鳥などの捕食者に、有毒の種を沢山見せることで、多くの学習の機会を与える目的があると言われています。

似て非なる行為＝フリーズ行為についても、触れておきたいと思います。

到底《とうてい》、巣箱から飛び出すエネルギーはなさそうなのですが、まだ死んではいないという個体がいました。先に登場した、死んだふりが得意な2匹のうちの1匹です。3月16日に採集したのですが、3月末あたりから、とにかく動かないのです。フリーズ状態です。死んだのかな、と心配していると、脚をわずかに動かします。

私の推測ですが、このナミテントウは涼しい季節に入ってから生まれ、こういった、ひたすら動かないという冬の乗り切り方をしながら生き延びてきたのでしょう。つまり、極力動かず、死んだような生き方が一番、気候・環境に適応していたのでしょう。

そして、もうひとつ気づいたことは、採集時から見せた死んだふりは、わざとふりをしていたのではなく、ドーパミン欠乏や体力不足などの結果だったのではないか、ということです。

では、この死んだように動かない生き方は、周囲の生き物、特に同じ巣箱の他のテントウムシたちには、どう受け止められていたのでしょうか。

同じ巣箱に、同じくメスのナミテントウをもう1匹入れてみました。その結果、動かない個体は、新しく巣箱に入れた普通の個体に接近され、接触されて、まだ生きているのに逆様《さかさま》に引っ繰り返されることになりました。つまり、死んだように動かないテントウムシは、他のテントウムシにとっては、「餌のような物」と化してしまいます。しかし、生きている仲間を本当に食べることはありませんでした。

第四章　ヒトとテントウムシ

1　なぜヒトの手指に乗ってくるのか？

テントウムシが「天道虫」という漢字を当てられるようになったのは、既述の通り、薄暗い湿った場所から、日の当たる場所へと出て、生活するようになったことに拠ります。棒などにつかまらせると、どんどん太陽などの光に向かって飛翔してゆく、という習性を持っているのです。ヒトの手指に好んで乗ってくるという性質についても、手指が棒状のものであるからだというのが、一般的な説です。その説を進めてゆくと、ヒトの手指を介して、当然、次のステップとして、太陽や人工的な光、例えば電灯などに向かって飛び立つはずです。

第3章6でも書きましたが、蛍光管の中心部に登って行くタマに向かって、私は慌てて、「危ないよ。こっちにおいで。」などと言いながら手指を差し出しました。すると、そのまま光に向かって突き進むのではなく、飛翔するのでもなく、私の手指に乗り移ってきたのでした。

この時のテントウムシの行動は、私に昆虫の脳と能力（第三章2～6）について考えさせるとともに、「天道虫」のよく知られている習性についても疑問を抱かせるものでした。

それ以来、何匹ものテントウムシとの出会いの中で、本当に、「テントウムシは光に向かって飛び立つための手段・道具として、ヒトの手指を利用するのだろうか？」と疑い始めました。

実は、私の手指に乗ってきたテントウムシを30分くらいかけて、手指に乗せたまま、何の拘束もせずに、自宅まで連れてきて、飼育したことが何度もあったからです。

確かに、飛び去るものもいましたが、飛び去らないものも、結構いるのです。ヒトの手指の皮膚などが好まれているとしか思えません。この点は後程「5　初対面のテントウムシ」で考えてみます。

テントウムシの死の直前に必ずといっていいほどみられる行動・様子は、体のバランスが取れず、ヨロヨロ歩き始めることです。この状態が1〜3日くらい続くと、ひっくり返って、自力では正しい体勢に戻れなくなります。ところが、ある飼育していた個体は、そんな状態から奇跡的に回復しました。この回復力は、どこからきているのだろうと考えました。そのメスは、私が手指を差し出せば、必ず、ほどなく乗ってきました。巣箱の中ではあまり動かず、元気がないように見えても、私の手指の上では元気に動き回り、やがて腕まで移動し、その辺で私が静止しなければ、着ている衣服の上にも乗り移り、歩き回るのです。以前は、電灯の強い光を目掛けて飛翔することもありましたが、最近はもう飛ぶこともなくなっていました。こんな様子から、このメスの強さの一因は、飼い主の私に、とてもなついていたことではないかと思い至りました。かなり長寿で、成虫で採集して、142日間飼育しました。全長7〜8ミリのナミテントウで、ヒトの死因でいうところの

「老衰」が当てはまるのではないでしょうか。日に2〜3回、私は手指に乗せて遊んでいたのですが、それも死の前日の朝が最後で、その後はむしろ私の手指を避けるような仕草を見せていました。

しかし、必ずしもすべてのテントウムシが、ヒトの手指に乗ってくるとは限りません。あるオスは、初めから乗ってきませんでした。この理由について、私は思い当たるふしがありました。強引な採集の仕方をしたのです。恐怖を感じさせたのでしょう。

ダーウィンは「人間に対する恐怖という本能にも変異がある。無人島で暮らし、人間との接触がまったくなかった動物は、最初は人間を怖がらない。が、しだいに本能的な恐怖を獲得していく。」と書いています。

そのオスが抱いた採集者の私への恐怖は、空調の効いた室内で、甘く美味しいリンゴという餌をもらっている時も、彼の心の中にトラウマとなって残っていたのかもしれません。

次に、ヒトの皮膚を咬むという行為について考えてみます。これも個体差があり、ほとんどのテントウムシは咬むことはありません。咬む場合も、小さく咬む、〝これ何だろう？　食べられるのかな？〟といった程度ですが、稀に違う場合もあります。私の腕を歩いているテントウムシの自由な通行を、私はもう片方の手で遮《さえぎ》ったのです。すると、そのメスはすぐに私の腕をいつもより少し強く咬むという反応を示しました。私が、彼女の行動を邪魔したことに対する怒り、そして報復攻撃のように感じられました。

昆虫ではありませんが、クモ（節足動物門クモ綱クモ目）に、一種の怒りの発現を見たこともありました。2度目の職場で経理の仕事をしていた時のことです。大変古い社屋で、50年以上前に建てられたものでした。ですから、沢山の小さなクモが現金計数機の辺りでも、動き回っていました。当然、仕事の邪魔になるので、よく紙などを使って追い払っていました。自分の生息域、縄張りを追われるクモはどういう反応を見せるのでしょうか。第1歩脚2本を振り上げて威嚇するのです。ある日、この第1歩脚が真っ赤で目立つ1匹が、計数機の上に乗って、その部分を振りかざして、しばらく逃げもせず、私を睨《にら》みつけていたことがありました。恐いような、可愛いような……。このクモは明らかに、私というヒトに対して、怒りの感情を露《あらわ》にして、一歩も退《ひ》かなかったのです。

しかし、その後、別の場所で、私がクモに手指を近づけて反応を観察した結果、種類にもよるでしょうが、通常、クモの方が逃げます。〝攻撃〟ととらない限り、おとなしい反応を示します。

2　テントウムシの情動と心

採集してから、そろそろ1ヶ月半になろうとした頃に、ナミテントウのオスが急に元気がなくなったことがありました。２０２２年4月13日のことでした。その少し前、4月9日に同じ巣箱に入っていたメスが静かに去ったことが原因のようでした。オスはかなり積極的にアプローチして、1～2回交尾しているのも目撃したのですが、その後、メスは逃げることが多くなりました。こういった雌雄（異性）関係が、テントウムシの場合も、体調や行動に大きく影響するのではないか、と感じたのは初めてのことではありません。交尾をしたい相手や、実際に交尾をした相手に避けられたり、逃げられたりした直後から、具合が悪くなってしまった個体は他にもいました。具合が悪くなるどころか、死んでしまう個体もいました。あるナミテントウのメスは、同じくナミテントウのオスに避けられた直後から元気がなくなり、ほどなく亡くなってしまいました。

同じ巣箱の中に、オス同士またはメス同士と、同性しかいない場合、あるいはオスとメスであっても交尾をするほどには相性が良くない場合には、テントウムシはどういう行動をとるのでしょうか。

よく見られるのは、顔（口器）と顔をつけて、軽く交わすキスです。これは、同じ（餌の）リンゴの皮の上などで出会った、もしくは鉢合《はちあわ》せしてしまった2匹の間で交わされます。すぐに離れて、反対方向に離れて行く場合が多いですが、そのまま仲良く、同じリンゴを食べることもあります。

同性愛的行為について、第二章で書きましたが、性的な行為に及ぶ個体をはっきり確認したのは四十数匹飼育した中で、2匹のみでした。だいたいは、ヒトでいえば、〝友情〟という表現がぴったりの関係を見せます。気の合う個体同士だと、同性であっても、夜、同じ葉っぱの中や下で、寄り添うように休みます。交尾をしない関係のナミテントウとナナホシテントウの間でも口器同士をくっつけるキスは確認できました。

面白いのは、遊んでいる姿です。徒競走を繰り広げます。元々、細い棒状の物、枝などを伝い歩きするのが得意で、1人遊びならぬ1匹遊びをよくしますが、たまには、2匹が一斉《いっせい》に走り始めます。巣箱のふちをグルグル回ります。楽しそうです。

3　感情・情動と脳

私が顔を近づけると寄ってくるテントウムシも少なくありません。テントウムシは複眼がありますが、単眼はなく、ましてや視線の動きが分かる白眼の部分はありません。アイコンタクトができる条件は白眼があることですから無理なのですが、明らかに私とテントウムシは何らかのシンパシーを抱き合っているのではないか、と感じることが多いのです。

巣箱には食品包装用のラップの蓋をして、2～3時間置きに換気をしながら飼っているのですが、そのラップの上から手指を押し当てると、テントウムシは寄ってきて、逆様にラップにくっついて、私の手指がそこにある間はずっと、そこに留まって動きません。

「ヒトのように言葉では表さないけれど、動物にも感情がある。」という研究成果を初めて公《おおやけ》にしたのは、ダーウィンです。一般に、ヒトが言葉で表現するのが感情、それに対してヒト以外の動物の言葉で表現できない感情は情動として区別されています。

また、ダーウィンは全ての生き物には心があるという言葉も残しているそうです。そして、その心の起源は、心身の痛みにあると言われています。

ヒトの場合、感覚器で捉《とら》えたいわゆる五感――視覚、聴覚、嗅覚、味覚、触覚――の情報を脳に伝え、行動を引き起こし、同時に記憶として残し、考えます。情報を脳に伝えるのが、ニューロンであり、ニューロンとニューロン、もしくはニューロンと細胞との接合部位がシナプスです。

ヒトとヒト以外の生物の脳は、どこまで共通しており、どこが違うか、という問題については、第三章「5　微小脳」を参考にして下さい。

脳の表面は大脳《だいのう》皮質《ひしつ》と呼ばれ、その下に、全身を結ぶ神経や、脳全体を調整してる脳幹《のうかん》が付いています。ここまでは、全ての脳を持つ動物に共通しています。

2400年前の医師、ヒポクラテス（Hippokratēs　紀元前460頃～前375年頃）は「快楽も、喜びも、冗談も、そしてまた、悲しみも痛みも、嘆きも、泣くことも、脳から生じる。」と書き残しています。

現代は、ヒポクラテスやダーウィンの生きた時代から、長足《ちょうそく》の進歩を遂げ、高度に科学が発達しています。けれども、ヒト自体は変わらず、恐らく生き物全般も変わっていないことを思い知らせてくれます。現代においても人類は、ヒポクラテスやダーウィンの残した言葉を、あるいは研究成果を、未《いま》だ検証している途上にあるのではないか、とさえ、私には感じられます。先達《せんだつ》への尊敬の念が湧《わ》き上がってきます。

4　私とテントウムシ

　私がテントウムシを初めて自宅で発見した日の手帳には、

「テントウムシが家に入っています。パジャマに留まっていたんです。よく生きていた、と感心しています。外は寒いし、あまり餌もないでしょう。家で飼ってみようかしら。ティッシュの上に今朝むいたリンゴの皮を置き、その上に乗せてみました。すると、テントウムシはリンゴの皮に口を付けて、動きません。夜、浅くて小さなハッポウスチロールの箱の中で飼うことに決めました。テントウムシはまだリンゴの皮から離れず、食べています。21時、巣箱の中に入れた新しいリンゴの皮の下に入りました。暗い所で眠りにつくのでしょう。」と記されています。

　その頃、私は自宅でメダカを飼育し、職場でもメダカや金魚のお世話係を自称していたので、忙しかったはずなのですが、よほど、真冬のテントウムシが可哀想でもあり、可愛くもあったものと思われます。

　テントウムシと聞くと、俳句では夏の季語で、寒い季節には見られない虫だと思われるでしょうが、11月下旬でも暖かい昼間には活動しています。でも、正月となると、意外ではないでしょうか。近くの野川を散歩していた時、とても天気の良い日だったからでしょう、1匹のテントウムシが先ず私の髪に留まり、続いてメガネに留まって、高く飛び去ったのです。2021年のことでした。近年、大変な問題となっている気候変動、温暖化に思い至らざるを得ませんでした。同年2月4日には、1951年以来、一番早い「春一番」が吹きました。

ところで、ヒトとテントウムシとのコミュニケーションは成り立つのでしょうか？

私とテントウムシとの交流の様々を観察日記から抜き書きしてみます。

「新聞をテーブルに広げて読んでいたら、突然、ナミテントウのメス1匹が目の前に現れました。近くのカウンターに置いてある巣箱から飛び出してきたようです。この個体は少し体が大きいせいか、他の2匹より元気が優っています。電灯を明々《あかあか》と点《つ》け、暖房も入れると、活発に動き出し、巣箱から脱出しようとふちを動き回ります。なんとか、ラップの蓋の隙間から抜け出してきたのです。私は慌てて、巣に戻そうと手指を差し出します。すると、その手指にすぐに留まって、それ以上飛び立とうとはしません。飛び立たれると探すのが大変なので、巣箱に戻しました。」

「以前、飼っていたメダカに試みていたことを、テントウムシにも試みようと思い立ちました。相手は大きな目をしたナミテントウのオスです。カップルだったメスが巣箱から逃げ出してしまって以来、元気がありません。そこで、私はチュッチュッとキスを送ってみることにしました。すると、意外な反応が返ってきました。腰を左右に小刻みに振って、ボディーシェイキングを始めたのです。テントウムシが交尾の際に行なう行為です。20時30分、2回ばかり確認できました。私はテントウムシの彼女になったようです。」

チュッチュッと私がちょくちょく送っているキスは、テントウムシに愛の表現として十分伝わっていました。ヒトとテントウムシとのコミュニケーションはある程度可能なのです。

翌日、「私は前日と同じオスにキスを送りながら、触れるくらいの距離まで顔を近づけてみます。逃げずに、その場で私を見ています。私は今度はちょっとの間、背を向けます。そしてまた、向き直ってキスを送ります。すると今度は寄ってきて、私と顔を合わせるのです。メダカとよく遊んでいたイナイイナイバーを試みて、成功したのです。イナイイナイバーとは赤ちゃんをあやす時に、大人が行なうものと同じです。時間的には、5～10分程度で2～3回でした。」

さらに、「黒地に赤い丸い紋が2つあるナミテントウのオスともイナイイナイバーを試みます。私に一番接近してきた地点で、私も顔を突然近づけます。何と成功しました。一旦、巣箱のふちを回って離れてから、再度、私の近くへ戻ってくるタイミングで、再び私も私を近づけます。メダカの場合と同じく、少し腰を屈《かが》めなければならないので私は疲れてしまい、10回くらいでやめました。でも、かなりの成果と言っていいです。」

キイロテントウとも、同じ遊びを試みました。今度はラップの蓋を取っています。「顔、特に鼻を数センチの距離まで近づけてみました。逃げることはありませんでした。私の顔は見なれた物体で、体温によって適当に暖かい。匂いも嫌《いや》ではない――キイロテントウの感じたところはこんなあたりでしょうか。これ以上の反応はありませんでした。私の顔に乗り移ってくることはなかったのです。手指とは明らかに違う反応です。」

最近のことで、特に書いておきたい、キイロテントウと私のエピソードがあります。テントウムシの飼育で苦労するのは、厳冬期よりも、むしろ猛暑の季節です。梅雨に入ると、そろそろ大変になってきます。そこで、私は飛翔の自由も奪っているわけですから、解放してあげた方がいいと思ったことがあります。2023年6月7日のことです。玄関ドアを少し開けて、室内の照明を消しました。次に、キイロテントウを指先に留めて、外の陽光に向けて腕を差し出しました。すぐに飛び立つはずでした。ところが、予想外の結果が待っていました。そのキイロテントウは、私の腕へと這ってきて、暗い室内へと戻ってきたのでした。

5　初対面のテントウムシ

私の記した観察日記によく登場するのは、こんな件です。

「掌《てのひら》に乗ってきて離れないので、家に連れ帰りました。」

「野川を散歩途中に、多分、羽化したばかりだろうと思われるナナホシテントウによく出会います。日当たりのよい塀などにくっついていることが多いです。ちょっと手指に留めてみたくなります。手指に乗り移ってきたら、そのまま一緒に散歩してみたくなります。3匹に1匹くらいの割合で、かなりの距離を歩いても飛び去らずに手指に留まっているものがいます。」

「今日も1匹、約5000歩くらいを一緒に散歩しました」

「桜の葉を野川で採集していたら、小ぶりなナミテントウを見つけました。手指に留めて、数十メートル歩いて、桜の葉に留まらせようとしましたが、なかなか移ってくれません。やっと留まらせて、さよならしました。」

初対面であっても、テントウムシがヒトの手指を好むのは間違いありません。

飼育下ではいろいろな変異の可能性があり、種を超えて、ヒトとテントウムシがつき合うことができるようになるのは、十分に考えられることです。しかし、初対面ではそうはいかないはずです。「指や棒につかまらせると、どんどん太陽に向かってのぼってゆく。」習性が、一般的に指摘されていますが、のぼってゆかずに、長い間、指に留まっているテントウムシを多数観察しています。

原因として、私が考えたのは、第1に、ヒトの体温、言い換えれば人肌のぬくもり。第2に、皮膚の感触、やわらかいですから。第3に、汗です。年中、多少排出しているはずです。そして、第4に、皮脂です。これも常に分泌され、皮膚に付着しているはずです。

これら全てを肯定してもいいかもしれませんが、私は簡単な実験をしてみました。綿棒の一方に汗を、片方に皮脂を付着させます。汗は額から、皮脂は耳の特に皮脂が多いと感じる外耳の部分から採取しました。

結果は、「ヒトの皮脂を好む」、でした。ナミテントウのオスは初回は1時間以上、その後、少しずつ時間は短くなりましたが、何回も寄っていって口器を付けていました。（写真Ⅱ）アブラムシなどの餌の栄養分としては、蜜＝糖分が代表として挙げられますが、ヒトの皮脂に近い成分もあるのでしょう。また、テントウムシ自身も第一章で述べましたが、ろうや油を成分とするクチクラ（角皮）で体の表面を覆《おお》っていますので、ヒトの皮脂も慣れ親しんだ成分であり、必須のエネルギーの供給源となり得るに違いありません。

写真Ⅱ　ヒトの皮脂の付着した綿棒に口器を付けるテントウムシ。

第五章　テントウムシを取り巻く環境

1　多摩川、野川事情

私が約7年前から住んでいるのは、ともに1級河川（国が管理する河川）である多摩川と野川に挟《はさ》まれた地域です。当然のことながら、この2つの川の氾濫《はんらん》による被害をたびたび受けてきた所です。ですから、少なくとも私が越してきて以降は、ほぼ常時、災害対策工事が行なわれています。堰《せき》の築造と管理・修繕、護岸の補強と修繕、そして、草刈りなどです。

私の住む集合住宅は多摩川の浸水《しんすい》想定区域からは外《はず》れていますが、野川の浸水想定区域になっています。ここは私にとって、テントウムシと出会える貴重な場所でもあります。よく散歩を楽しんでいますから、河川で行なわれている工事にも関心を持たないわけにはいきません。私は以前、メダカを飼育していましたので、自然を大きく改変してしまう、例えば、コンクリートで固めるような護岸工事は、メダカなどの遊泳力の弱い小魚が遡《そ》上《じょう》しにくく生存・繁殖が難しい事態を招くと考えていました。

昨年の夏頃だったでしょうか、多摩川ではコンクリートでできた大きな資材が河原に沢山並べられていました。今年（2023年）の5月、久々にその場所に行ってみますと、そのコンクリートの資材は全て姿を消し、工事は完了していました。堤防の上の同じ散歩道を歩いている人に聞いてみましたが、工事のことははっきりは知らないようでした。が、堰を大規模に改修していたので、資材はそれに使われたのではないか、ということでした。

　水音も大きく、さわやかで、気持ちのよい風が吹いていました。鮎《あゆ》やメダカが住むという多摩川です。私の母校の都立高校の校歌にも「玲瓏《れいろう》の水　百万の民をうるおし」と謳《うた》われています。人的、物的な水害を防ぐだけではなく、どうか、小さな生き物たちへの害も最小限に留めてほしいと願いながら、花が終わり、葉桜となり、赤いさくらんぼが見え隠れする桜並木を抜けて、帰ってきました。

　一方、野川は多摩川とはちょっと違った風景を見せています。多摩川に比べて水量が少ないので、堰も小さく、護岸工事にもそれほど大きくない天然の石が使われています。草刈りは毎年行なわれていますが、半分ずつですので、完全に刈り込まれたという感じではなく、「半《なか》ば自然のまんま」といった風《ふう》です。これは野生動物の生息域を保存しておくためです。ハグロトンボ（カワトンボ科）などの昆虫や、カルガモ（脊索動物門鳥綱カモ目）などの野鳥、メダカ、モツゴ、ギンブナなどの淡水魚が生息しています。お隣の区の遊歩道を桜の季節に訪ねてみますと、大勢の花見客が行き交い、より整備されている感じです。野川の流域の自治体の特色、住民の好みが反映しているのでしょう。いずれにしても、野生動物への配慮を忘れずに、整備・保存して下さるよう願って止みません。

　私は、自宅に飛来してきたテントウムシと、周辺の地域で採集したものを飼育してきました。多摩川や野川の自然、そして、集合住宅の中の人工的に造られた自然に、テントウムシの命運は少なからず左右されます。多摩川のすぐ近くにも大きな集合住宅があります。その周辺は陽当りの良い場所が多く、テントウムシの姿をよく見掛けます。この原稿を書いている5月には、ナミテントウやナナホシテントウの幼虫と蛹の姿がほとんどです。その蛹の色合いは、黄色、オレンジ色、赤色、黒色、すでに紋が出ているものなど、実に様々です。幼虫は概《おおむ》ね黒色や紺色に近いブルーが多く、オレンジ色やクリーム色の模様が入っています。

それに対して、私の住んでいる集合住宅では、去年からテントウムシの姿がほとんど見られなくなりました。エレベーターの近くに厚いガラスの板でできた3メートル4方くらいの壁があります。ここは以前、テントウムシの越冬場所になっていました。多い時は20匹以上集まっていました。集団越冬の場所は、白っぽい岩や建物で日当たりや見通しの良いことが条件ですから、ここが選ばれていたのでしょう。それが去年の12月18日を最後に、全く姿を見せなくなりました。その原因は何なのか、今一つ分からないのですが、あるいは前記の条件の他にも、私たちヒトが気がつかない様々な化学物質や、臭気の問題が関係しているのかもしれません。

今年の春頃からは、うれしいことにまたテントウムシを共用廊下の天井、床やベランダでたまに発見するようになりました。それから、私の自宅の玄関の上の白い壁には、よくキイロテントウがやって来て留まっています。

「昆虫が減少している」――これは以前から、学者などの専門家から著作その他で指摘されていることです。

全生物の種数は分かっているだけで200万種、推定では、400～1000万種と言われています。地球上に生命が誕生してから40億年の進化を経て、残っているのは、ヒト属ではホモ・サピエンス1種のみですが、哺乳類全体では6000種、植物は40万種、昆虫は第1章1で既述したように、分かっているだけで100万種を超えます。ところが、人間の活動が原因で毎年2・5％の昆虫が姿を消しつつあると言われています。

この件に関連する記述が私の日記にもあります。

「小さなキイロテントウ3匹、ナミテントウ2匹を野川の遊歩道で見つけました。よくいるのは、チガヤやススキなどのイネ科の植物の葉や茎、桜の葉、それも小さな桜の木の葉裏です。最近、これらに手指で触れるとベタベタする殺虫剤か除草剤のような白い液がいっぱい付着しています。」（2021年8月29日）

「野川の遊歩道を歩いていたら、ある場所の小さな桜の木やカヤなどが全て切られていました。先日、テントウムシなどの昆虫が数多く見られた場所です。残念。1匹もいません。あの虫たちはどこへ行ったのでしょう？　と思いながら地面に目をやると、蛙の死骸とナメクジが沢山いました。」（同年9月2日）

「テントウムシたちのことが気になって、また野川へ行ってみました。きれいに整備された遊歩道を散歩して、ススキなどのカヤ類が多く生えている草むらをチェックしていると、いました！　いろんな地色と紋のバリエーションのナミテントウに、ナナホシテントウ。幼虫も沢山動き回っていました。早速、私は手指を差し出して、乗り移らせました。」（2022年9月15日）

「しばらくぶりに野川の遊歩道を散歩していたら、植込みのテントウムシ、モンシロチョウ、ハチなどを多数観察できました。白い粘着性の液体が撒《ま》かれ、しばらくすると刈り込まれた草木を見たのは、2021年8～9月にかけてでした。その時は、賑《にぎ》やかに虫たちが遊んでいる風景はもう戻ってこないかもしれないと思っていましたが、ツツジの植込みにヒメジオンやカヤ類などが生い茂り、雑草にアブラムシがびっしり付いています。そこでアブラムシを食べる虫たちもいっぱい発見できました。そのうちの交尾中のテントウムシのカップルを手指に乗せて、20分くらい、ゆっくり歩いていたら、甲州街道に出てしまいました。交通量が多いので、近くの植込みのこれまたアブラムシがいっぱい付いた雑草に乗り移らせました。」（同年5月20日）

このように日記を抜き書きすると、白い薬剤と雑草の刈り込みは、虫たちにほとんど影響を与えなかったようにも感じられます。しかし、実は虫たちと再会した植込みは元の場所とは100メートルくらい離れているのです。元の場所には1匹もいませんでした。それでも、昆虫の強さ、環境の変化に適応して生き抜くたくましさを見た気がしました。

昆虫の新しい環境への適応性、言葉を換えますと、虫の多様性はどこから生まれるのでしょうか。短命で、多産であること、に由来しています。短命ですから、世代交代が速く、変化が促されます。多産によって、新しい環境に適応する個体が生まれる可能性が高まります。進化のスピードが速いのです。殺虫剤が効かない蚊が生まれていることなどが、その一例です。テントウムシ他の野川の昆虫たちも殺虫剤やら除草剤への耐性を身につけ、新たな環境に合わせて生き抜いているのかもしれません。

2　外来種

「米国では10年ほどの間に、3種類の在来のテントウムシが激減している。……身近に見かけたテントウムシの写真……の中で、かつて最も多かった在来種のナインスポッティドテントウ……はごくわずかで、ほとんどは米国で外来種となるナミテントウとナナホシテントウだった。激減の理由は、害虫防除のために導入された、これら外来テントウの影響が疑われている。」(朝日新聞　２００９年9月29日付　朝刊より抜粋)

イギリスからも、アジア産のナミテントウが入ってきてから、在来のテントウムシの個体数は激減した、との報告が届いています。

昆虫が減少した原因の一つが、外来種だということです。第一章で既述した通り、農作物を食べる害虫の天敵昆虫として、日本では益虫であるナミテントウが導入されたのですが、外国の在来種を駆逐する結果を招来したと、指摘されているわけです。

この問題についても、一番最初に気づいていたのはダーウィンです。オーストラリアに移入されたミツバチが、在来の小型のハリナシバチを急速に駆逐していると、１８５９年に指摘しています。

昆虫に限りません。私がよく訪れている神奈川県内のとある市では、野生のリス（脊椎動物亜門哺乳綱げっ歯目）が多く見られますが、これも在来種ではありません。外来種のリスでも観光客などに人気はあるのですが、やはり、日本には日本の固有種を残しておきたいですし、日本固有の生態系を守りたいものです。外国でもその気持ちは同じでしょう。かてて加えて、外来種が外来の病気を持ち込むという問題もあります。しかし、完全に流入を防ぐのは難しいのが現実です。世界の人的・物的な往来を止めてしまうことにもなりかねませんから。できるだけ入ってこないように対策を立て、入ってきてしまった外来種は隔離していくという方向に、ひとりひとりの努力で持ってゆくしかないのでしょう。

在来種が生息している環境に、近縁な外来種が侵入してきた場合に起こると考えられる事態は以下のようなものです。第1に、外来種が天敵となって在来種を捕食すること、第2に、餌などをめぐって争いが起こること、第3に、在来種と近縁な外来種との交雑が起こることです。

3　生物多様性

生物多様性のそもそもの意味は、様々な生物が種、遺伝子、そして生態系においても、異なっているということ、そのものです。様々な生物たちは、元々はひとつの生命から分化・分岐《ぶんき》してきたわけですから、個性を持ちながらも、つながり合いながら、生命をリレーして今日に至っています。その点をしっかり踏まえつつ、生態系を保全し、持続可能な範囲内で利用していかなければならないと、数十年前から国際的な取組みがなされるようになりました。ヒトの暮らしに直結した問題として認識され始めたのです。衣食住や医療などに利用されている生物は数知れず、世界の経済活動に莫大《ばくだい》な影響を及ぼしているからです。ところが、その大切な地球上の生き物たちを育《はぐく》む自然の破壊が進み、危機に瀕《ひん》しているのです。いろいろな生物の多様性を尊重しながら、ともに生きてゆくことが、ヒトが生きてゆくためにも重要な課題となってきました。

その失われた多様性を回復するという課題への国際的な取組みの概略は以下の通りです。

生態系を守るための国際目標を定めるための、COP15、生物多様性条約締約国会議が、カナダのモントリオールで2022年12月に開催されました。2030年までに、自然を損失から回復へと転換させるネイチャーポジティブ（自然再興《さいこう》）を目標の柱にすえています。内容の主なものに「30ｂｙ30」があります。陸と海の30％以上を健全かつ効果的に保全するというものです。このような取組みをビジネスチャンスにつなげようという積極的な動きもあります。

さて、日本はというと、生物多様性国家戦略が１９９５年に初めて策定され、その後、数回にわたり改訂されています。２０１０年には、ＣＯＰ10が愛知県名古屋市で開催されました。

一方で、日本は生物多様性ホットスポット（biodiversity hotspot）の一つとされています。これは、「維管束《いかんそく》植物（維管束という組織を持つ、シダ植物と種子植物）の固有種が１５００種以上生育する一方で、自然植生（自然の中で生育する植物の集まり）が70％以上損なわれて破壊の危機に瀕する地域」と定義されています。早急かつ真剣な取組みが必要な国だということでしょう。また、生物多様性条約への最大の資金拠出国ともなっています。

その他にも、昆虫を取り巻く問題は、数え切れないほどあります。開発による生息域の喪失、農薬や化学薬品、気候変動、長時間の強過ぎる光、ボルバキアなどの微生物による性の撹乱《かくらん》などです。ほとんど人為的なものです。

私たちヒトは、自然界を、そして昆虫をもっとよく知る必要がありそうです。なぜならば、ヒトは自然がなければ生きてゆけないからです。

第六章　私と環境問題

1　遠きにありて

私の生まれ故郷の市では、今、大雨による被害に備えて、治山《ちさん》工事が行なわれています。永《なが》の年月、帰郷していない身には、気候変動、異常気象といった現象の故なのか否か、判断しかねます。それでも、少なくとも、昨今のニュース・天気予報で頻繁《ひんぱん》に出てくる、例えば線状降水帯といった用語などを、全く知らないというわけにもいきません。無関心ではいられません。

線状降水帯とは、発達した雨雲が連なることによって、集中豪雨の地域が同時に、あるいは短時間に、次々と線状に連なって発生する現象のことです。局地的に起こる場合と比較して、災害の危険性は更に大きくなります。２０２３年の梅雨末期には九州北部、四国、山陽地方など、広範囲に発生しました。数十年に一度の大雨と報道されている地域もあります。原因は、現在までのところ、はっきりとは解明されていないようですが、エルニーニョ現象や温暖化の影響で大気中の水蒸気が増えることと関連しているのではないか、との指摘がなされています。

元々、台風の通り道で、大雨被害などが多かった故郷です。大人たちが忙しく台風シーズンの備えをしていたのを、子ども心に憶えています。梅雨時も、とても心配な地域です。

室生犀星は、「ふるさとは　遠きにありて　思ふもの」と詠《よ》みました。私にも同じような思いがあります。なつかしく思い出すだけではなく、いつも心の中で、今も彼《か》の地で生きる皆さんのご無事を祈念しています。

2　40年の歳月

環境問題が叫ばれ始めたのは、昨日今日《きのうきょう》のことではありません。「〝汚染〟という文字は最早珍しくもありませんが、とりわけ水の汚染は恐いと思います。兵庫県の六甲山に行ってきました。新神戸の駅から六甲山ホテルまで、ぐるりぐるりと夕クシーで上ってゆく途中でも、緑とひんやりした空気によってストレスが洗い落とされてゆくようです。

ホテルに着いて、まず蛇口をひねって水を口に含んでみます。甘い！『この世で何が一番美味しい？』と問われたら、『喉が渇いている時の水』と迷わず私は答えます。

ふと、某食品会社が『六甲のおいしい水』をペットボトルに詰めて発売しているのを思い出しました。街中では、そのペットボトルの水は、私に格別の感動はもたらしませんでした。そんな物を買い求めた友だちに、『物好きね。大した変わりないじゃないの。』と言ったのですが、さすがに地元で飲むと、うまさが浸《し》みます。

それにしても、ただの水があちこちの飲料会社から売り出されるとは、どういうことでしょうか。秩父の水、南アルプスの水、富士山の水、月山の水などなど、けっこう好評で売れているらしいです。日本人のぜいたくがそこまで進んだのでしょうか。いや、進んでいるのは、都会の水の汚染でしょう。先日の調査で、とりわけ東京の水の汚染はひどいという結果が出ました。しばらくは、ペットボトルやビン詰めの水を味わいながら飲むしかないのでしょうか。」（初出誌『かくしん』１９８４年10月号コラム・目に加筆・訂正）

「M氏は産婦人科医で、国際協力事業団関係の仕事もされている方です。そのM氏が、飢えるアフリカについて、人口急増にその原因があり、人口問題の解決なくして、飢餓問題の解決はあり得ない、と言っていました。

テレビでもこのところ、よくアフリカが取り上げられていますが、ナイル川を辿る旅の番組でも、飢餓地帯に触れていました。遊牧民たちが家畜を殖やすために猛烈な競争を始め、その結果、家畜の餌の草や木がなくなり、空気中の水蒸気が減り、干ばつに至ったと言います。

こういう分析を聞きますと、起こるべくして起こっているアフリカの惨状ではあります。飢えて死んでゆく人々を目《ま》の当《あた》りにすれば、とりあえず食べ物を与えなければいけないと思うのが人情ですから、現在方々《ほうぼう》で行なわれている募金運動や資金援助に異を唱えるつもりはありません。

しかし、片方は人口問題、もう片方は環境問題。いわば先進国も発展途上国も等しく悩む、難題です。もっと根本的な解決への方策を共に探り、進んでゆけないものでしょうか。」

（初出誌『かくしん』１９８５年6月号コラム・目に加筆・訂正）

この2本のコラムは、当時私が記者・編集者として携わっていた雑誌に書いたものです。

1本目については今や、ペットボトルの水は外出時や災害時には安全で便利な生活必需品となっています。東京の水事情も、人々の意識の高まりによる努力、水質検査や浄化する技術の向上により改善されてきてはいます。それでも、化学物質の影響は今も憂慮《ゆうりょ》されています。

さらに、人口爆発（国連推計では２０８０年代に世界人口は約１０４億人となり、頭打ちに）によって、食料よりも水の奪い合いが予想されています。飲料水だけでなく、農業用水や家畜を飼育するための水も必要になるからです。

また、2本目のコラムについては、先進国も開発途上国も一緒に地球規模の環境問題などを話し合い、行動につなげる枠組、例えば１９９７年に議決された京都議定書（気候変動に関する国際連合枠組条約の京都議定書）や、第五章で触れた生物多様性条約締約国会議ができ、進展を見ています。40年の時の流れが思われます。

今後、各国の代表が一堂に会しての、人口問題「減少と爆発」へのより一層の取組みにも期待しています。

3　タンポポたぽちゃんの冒険

　私は川のほとりに咲いているタンポポのたぽです。いろんな人たちが、私の前をとおります。まい朝、走っている女の子もいます。女の子は町の中をグルッとひとまわりして、川までやってくると、たちどまって、空にむかって大きくしんこきゅう。そして、また走りはじめます。

　けさも、そろそろやってくる時間です。タンポポ、しろつめぐさ、ひめじおん、ねこじゃらし、つゆくさ……川ぎしに咲く草や花たちはみんな、女の子をまっています。元気のいい女の子なんですよ、とっても。走りながら、ボクシングのまねをしてパンチを出したり、時には、さかだちもするんです。けがをしやしないかとヒヤヒヤします。

　あっ、やっぱり、けさも女の子はやってきました。いつものように、しんこきゅうをしながら、川を見ています。

　それから、足もとの私に気がつくと、

「あら、かわいいタンポポね。」

写真Ⅲ　タンポポの花

と、私のほうに手をのばして、つみとってしまいました。すごくいたかったけど、声もなみだも出ません。人間のように血は出ませんが、足をきられたのと同じです。体じゅうの水分もぬけていきます。

高校生らしい女の子は、長いまっすぐなかみに私をかざると、また走りはじめました。私は、いまにも落ちそうです。かみが、ゆれにゆれるのですもの。〝いたい！〟とかんじたときには、私はじゃり道の上にポトリおとされていました。女の子は私がおちたことに気づきませんでした。アレレ、なんでしょう、このすごい風と大きなおとは。私のからだはとつぜん吹いてきた風にのって、川にうかんでいた船の上に……。

船のゆかは、じゃり道よりなめらかで、いごこちはいいのですが、私はだんだん、のどがかわいてきました。

「はやく水につけて！」

と、さけびましたが、人間には私のことばはつうじません。こまっていると、ひとりのおじさんがやってきました。私を手にとって、サッとぼうしにつけました。でも、水の中にはつけてくれそうにありません。これからしばらくのあいだ私は、このおじさんのぼうしの上にいるしかありませんでした。

私がのっている船は、海に魚つりにいくひとをのせるつり船でした。川ではとまっているだけです。みんな、ずっと前から、川ではつりをしません。水がよごれて、魚がいなくなってしまったからです。

じきに、ひとりのおじいさんがやってきました。おきゃくさんです。

「船頭《せんどう》さん、おはよう。」

「おはようございます。」

「きょうは、よろしくたのむよ。つれるそうじゃないか、このへんは。」

「はい。よくつれるところがありますよ。そうとおくないところに。」

この船ではじめて会ったおじさんは、〝船頭〟とよばれていました。しばらくして、船が動きはじめました。

「急にヒマになっちゃってね。ヒマつぶしにくろうしてるんだ。」

どうやら、おじいさんはしごとをやめたばかりのようです。

「20年くらい前まで、ここでりょうをしてたんだよ。おやじもりょうしで、これくらいの船で海に出てたよ。そのころはまだ、こんなに川も海もよごれてなかったなあ。」

「ええ、たしかに。おきゃくさんがきてくださるんで、なんとか、このしょうばいをつづけてますが、イヤになることがありますよ。」

私は船頭さんのぼうしの上ではなしをききながら、おじいさんと船頭さんがかわいそうで、泣きたくなってしまいました。それなのに、ふしぎなことに、なみだは出ません。きっと、私の体の中にはもう、ほとんど水分がのこっていないからでしょう。のどもカラカラで、死にそうです。もう、これ以上がまんできません。〝エイッ〟とおもいきって、私は水の中にとびこみました。

つめた〜い！　しょっぱ〜い！　あわててとびこんでみたら、そこは海の中でした。さむくて、体がうごきません。どんどんしずんでいきます。もう、これで、私は死んでしまうのだわ……。そうおもっていたら、すぐそばに大きな魚が泳いできました。ピンク色でキラキラひかってる、りっぱな魚です。あとで、タイという魚だとわかりました。

「どうしたの？　泳げないのかい？」

「うん、私、土の上にすんでるから、泳げないのよ。助けて。」

「わかった。これにつかまるんだ。」

ヒレをさしだしてくれました。

「ありがとう。」

ヒレにつかまると、私はほっと、あんしんしました。すると、海の中をあちこち見てまわりたくなりました。

「ぼくはタイだよ。きみは、だれ？」

「タンポポのたぽよ。川ぎしに咲いてたんだけど、つみとられちゃったの。それから、船にのって……。でも、苦しくなったから、海にとびこんじゃった。」

「たいへんだったたな。」

「私、目もよく見えなくなったみたい。」

「目がわるくなったわけじゃないよ。海の水がよごれているから、よく見えないんだよ。」

そういえば、船の上で、船頭さんとおきゃくさんも、海がよごれてきたって、はなしてたっけ。

タイさんは、なれているからスイスイ泳いでいますが、岩や海《かい》そうや、いろんなゴミがいっぱい。魚はあんまりいません。

「もうすこしいくと、友だちのアジくんやイカさんに会えるよ。」

海にすんでいる魚たちのことは聞いたことはあるけど、見たのははじめてです。はなしができるなんて、ゆめにもおもいませんでした。

「おーい、タイさん。」

まだ、はっきりすがたは見えませんが、タイさんの友だちのこえです。

「こんにちは。」

「おやっ、ヒレにつかまってるのはだれかな？　見かけないかおだけど。」

「タンポポのたぽちゃんっていうんだ。」

と、タイさんがしょうかいしてくれました。

「へェー。それでまた、なんで、こんなすみにくいところに？」

「いろいろ、あってね。」

「そうかね。こんやはおまつりだから、忘れないように。それじゃあ、また、あとでな。

たぽちゃんも、ね。」

この魚は、人間がよく食べている、アジでした。

さて、日がしずんで、くらくなってきました。海の中の魚たちのおまつりがはじまります。

くらいはずなのに、どういうわけか、まひるよりも明るいのです。海がどのくらいよごれているか、をしらべにきた人たちが忘れていったライトにてらされているからでした。

タイ、アジ、イカ、それに海そうたちが、歌ったり、おどったりして、それはそれは、楽しそうです。わかめやこんぶのような海そうは、いつも体をユラユラさせているそうですが、今夜はいつもよりもっとクネクネさせて、おどっています。そのすがたがおかしくて、ふき出してしまいました。私を助けてくれたタイさんは、ちからづよい声でじょうずに歌います。まだ海がきれいだった昔をなつかしんで。

♫たいようもつきも
うみからいでて
うみへとかえる
みんなのふるさと
あおくすんだうみ
ちきゅうのほうせき

いのちのいずみ♫

じいんときて、また泣きそうになりました。私にとっては、さむくて、しょっぱい海の中も、魚たちにとっては、だいじなすみかなんです。

わになって、魚たちとおどっていると、ふと、川ぎしのなかまたちをおもいだしました。夜もふけて、水のつめたさがますます身にしみます。〝早く帰りたいなあ〟。私はたのんでみることにしました。

「タイさん、水の上までつれていってください。」

するど、タイさんは、ごしんせつに私のたのみをきいてくれたのです。顔を水の上にだしてみると、なんと、私がのっていたつり船がすぐそこに見えました。

「タイさん、あの船につれていって。」

「いいよ。だけど、あの船はなに？」

「私がのってた船なの。川ぎしのみんなのところにかえりたいの。」

夜の海に一そうだけ、あかあかと明かりをともしている船。船頭さんとおじいさんは朝からずうっと今まで、つりをしていたんですね。早く船までいって、助けてもらわなきゃ。

夜のしずかな海で、魚たちの歌がかすかに聞こえてきます。このまま魚たちとお別れかとおもうと、なんだか、さびしくなってきました。

「タイさん、本当にありがとう。タイさんに助けてもらわなかったら、私、とっくに死んでいたかもしれない。お魚さんたちに会えて、よかった。」

「そうだな。だけど、もう会えないかもしれないな。ちゃんと川ぎしまで帰りつければいいけど。」

はなしをしているうちに、つり船までつきました。タンポポのことばは人間には通じませんから、体をあれこれ動かして、船頭さんに気づいてもらわなければなりません。タイさんのせなかにのって、せいいっぱい水面から顔を出してみます。それから、花びらもおもいきり動かしてみます。

それでも、つり糸をたれている船頭さんとおじいさんは、いっこうに私に気がついてくれません。

「うん？　かかったかな？」

「ひいてますか？」

おじいさんがつり糸をたぐりよせると、イカがかかっていました。

「こりゃ、けっこう大きいな。」

「そうですねェ。」

ふたりともよろこんでいますが、私は、海のお友だちがつりあげられて、喜ぶどころではありません。

「イカさん、かわいそうね。」

「……」

タイさんは私のことばにこたえてはくれませんでした。

「たぽちゃん、しっかりつかまってるんだ。かならず船の上まで連れていってあげるからな。」

つり糸のほうへ、タイさんは泳いでいきます。まさか！

「タイさん、つりあげられてしまうわよ。やめて、もういいの。帰りましょ。」

このとき、はじめて、私はタイさんのこわいほど、しんけんな顔を見ました。

パクッと、タイさんは自分から、つりばりに食いついたのです。みるみる、つり糸はひき上げられていきます。振りおとされそうになる私。ひっしでタイさんのヒレにしがみついていたら、いつのまにか、船の上にいました。

「こりゃ、みごとなタイだ。」

「ええ。こんなにいいタイは珍しいですよ。」

船頭さんとおじいさんは大喜びです。くるしそうに体をバタバタうごかしているタイさん。

「しっかりして！　私のせいで、こんなことになって、ごめんなさい。」

「きっと、帰れるから、がんばれよ。さようなら。」

タイさんはしばらくすると、パッタリ動かなくなりました。

「こんなところにタンポポか。朝、ぼうしにつけてた、あれかな？」

てくれました。

船頭さんがやっと私に気がついて、そばにあったコップに水を入れ、その中に私をさし

よく朝、船頭さんは早くから、つりざおの手入れをしています。

「おはようございまーす。」

まい朝、川ぎしを走っている女の子が船にやってきました。どうしたのかしら？

「おはよう。今日は早いな。」

「タンポポをいけてるのね。船頭さん、これ、私に下さい。私、きのう、タンポポつみとっちゃったの。元のところへ、かえしてあげたいんです。」

「そりゃ、いいことだ。」

長い髪の女の子の手の中で、私はおどりだしたいくらい、うれしくて……。

「ごめんね。」

と、ちぎられたタンポポの茎と茎を女の子がそっと、つなぎ合わせた、そのときのことです。女の子は小さな声を上げました。

「あっ！」

なんと、私は生きかえったのです。


（初出誌『かくしん』１９８５年５〜７月号１４００字劇場に加筆・訂正）

これは私が萩原晶子というペンネームで書いた物語です。登場する生き物のタンポポは自然を、タイは富と豊かさを象徴しています。タンポポがつみとられたことに自然破壊を、そして、海の中の様子を想像して自然破壊のひとつの様相を表現しました。富と豊かさをある程度、犠牲にすることによって、破壊された自然を取り戻すしかないのではないか、という私なりのメッセージです。タンポポの蘇生《そせい》に、自然再生への願いを込めました。しかし、ヒトは、タイの死の痛みをどこまで耐え忍べるのでしょうか。その答えは今のところ、私には分かりません。

4　地球沸騰

私はこの原稿を、２０２３年８月に「暑い、暑い」とつぶやきながら、部屋に籠《こも》って書いています。気候変動、地球温暖化といった難しい問題を肌で感じています。連日、気温35度以上の猛暑日で、熱中症で死亡したり、救急搬送される人が相次いでいます。不要不急の外出は控えなければなりません。

温暖化の原因は、化石燃料（石炭、石油、天然ガスなど）を燃やすことで出る温室効果ガス、CO_2の増加であると指摘されています。

元来、空中のCO_2は大半、海が吸収してきたと言われます。ところが、その吸収力が限界に達しています。海水の酸性化が起きているのです。２０２２年には、エネルギー関連の二酸化炭素排出量は世界全体で過去最多の年間３６８億トンになりました。

そこで、いろいろな対策が試みられています。そのひとつは、生物ポンプで吸収するというものです。マングローブの植林、ジャイアントケルプやアマモなどの海藻を繁殖させる方法などがあります。ひとりひとりが緑化を心掛け、植物を育てたり、木を原料とする製品を使用するだけでもいいのです。

その努力と効果は軽視すべきではありません。しかし、より抜本的な取組みも望まれます。それは、CO$_2$の排出自体を抑えることです。

この目標に向かって、1992年に国連で気候変動枠組み条約が締結され、1995年には地球温暖化対策を議論する締約国会議（COP）が初めて開催されました。これより前の、1988年に世界気象機関と国連環境計画が、COPの議論の科学的根拠として設立したのが、気候変動に関する政府間パネル（IPCC）です。

そこでは、温室効果ガスの削減目標などが議論され、2015年のCOP21で、今世紀末までの世界の気温上昇幅を「1・5度に抑える」という努力目標が設定されました（パリ協定）。そのためには、CO$_2$の排出を2035年までに60％減らす必要があります。

2023年7月末、国連のグテーレス事務局長は、もはや「地球温暖化の時代は終わり、地球沸騰の時代が来た。」と発表しました。

事実、日本でも2018年には埼玉県熊谷市で41・1度を記録し、今年も猛暑が襲っています。福島県伊達市で40・0度を観測したのです。

また、今年8月の平均気温は27・48度でした。7月に続いて、15の観測所のデータが残っている1898年以降の126年間で最も暑かったという結果が出ました。富山県高岡市では、31日間全て最高気温30度以上の真夏日となりました。気象庁は「地球温暖化に加え、太平洋高気圧の勢力が強かったことなど、気温を上げる多数の現象が6～8月に切れ間なく続」いたことが原因としています。

そして、やはり9月も観測史上、最も暑くなりました。30日間の平均で24・91度でした。

都市部の平均気温は27・23度に達しました。

CO_2排出量は、1992年の条約締結以降、30年以上経っても増え続けているのです。仮に、今世紀末までに気温上昇を1・5度に抑えるという目標を達成できなくとも、地道な*カーボンニュートラルへの努力は続けていくべきです。それによって、今世紀後半からは気温下降に転じると予想されているからです。逆に、その努力をしなければ気温は上昇の一途を辿る可能性があります。

9月8日国連からパリ協定の下での温暖化対策の進捗《しんちょく》状況についての報告書が公表されました。これによりますと、排出量は減少には転じておらず、各国が目標達成を目指して実行したとしても今世紀末の気温は、1・7〜2・1度上昇するとのことです。各国が2050年のCO_2排出ゼロを達成するためには、化石燃料の段階的な廃止、再生可能エネルギーの急速な拡大、電化の普及などの他、農業などの食料生産の脱炭素化が必要であるとされています。

*カーボンニュートラルのカーボンは炭素を、ニュートラルは中立を意味し、温室効果ガスの排出量が実質的にゼロとなった状態を言います。森林整備や二酸化炭素の再利用・地下貯留などによる吸収量と、排出量の差し引きをゼロにするという考え方です。化石燃料を全く使わないということではありません。

第七章　ヒトと野生動物

1　関係の多様化

　ヒトが自然を求めるのは、当たり前のことかもしれません。なぜならば、ヒトは自然の中で誕生し、育まれ、生きてきたからです。心身を良好に保つために、遺伝子としてヒトの体の中に組み込まれた一種の欲求とも言えます。このことは、ヒトと他の動物とのかかわりの根本でもあります。動物も自然の一部だからです。

　ヒトは脳を発達させ、物事を頭の中で判断する、概念の世界で生きていると言われます。言葉を持たず、感覚の世界で生きている動物を本当に理解できるのか否か、についてははっきりとした解答は現在までのところ出ていません。ただ、他の動物を理解しようとする姿勢を保ち、試みと努力を続けることは必要です。それは、動物の一種であるヒト自身の理解へとつながるばかりでなく、さらにヒトと他の動物とが、より良い関係を築き上げていくことにつながるからです。

　ヒトとチンパンジーが分かれた700万年という歴史を振り返ってみると、ヒトと野生動物との関わりの歴史は大きく3つの観点から分類されています。第1は、野生動物を食料のひとつである肉とみなすという観点。第2は、野生動物を商品化して売るという観点。第3は、野生動物を観光資源として利用するという観点です。第1は古くからの、第2、第3は比較的新しい考え方です。

そして、現代においては、もっと多様化しています。その契機となったのが、野生動物の家畜化です。ヒトとクマやサルなどの関係は、棲み分け、もしくは対立関係として始まりました。しかし、その後、チンパンジーの中に、情動行動が穏やかな、よりヒトに協力的な個体が生まれたことによって、ヒトはヒト特有の進化を始めたという説があります。ウシ、ウマやイノシシは家畜化した野生動物の代表です。前述の関わりの歴史の中では、第1の食料としての位置づけが大きいですが、第2、第3の要素もあります。

オオカミを祖先とするイヌは、家畜化される過程でヒトとの収束進化を遂げたとする説もあります。収束進化とは、複数の異なるグループの生物種が、同じような生態的地位や生活環境下で進化を遂げることによって、その生物種の系統に拘わらず、身体的あるいは行動的特徴が似通った姿に進化する現象と定義されています。

また、古代人の住居のゴミ捨て場に集まるオオカミの中で、気立ての優しい個体が犬になったとも言われています。

そのイヌを代表例とする、関係の多様化を表現する言葉は、ペット、コンパニオンアニマルなどです。動物とのふれあいで病気を治す、アニマルセラピーという療法も生まれています。

但し、人間社会の中で動物を位置づけ、役立てることばかりに打ち込むことの弊害《へいがい》も浮かび上がってきます。動物の本来の姿を見失ない、動物は自然の一部であるという事実を忘れてしまう結果になりかねません。クマやニホンザルが人里に出没するという近年の出来事は、適切な取り締まりと管理の必要性をヒトに再認識させています。動物を過度に擬人化して、人間社会に取り込むのではなく、真の生態をよく知ることから始めなければなりません。そして、ヒトに都合が良いだけの環境ではなく、野生動物も生き抜けるように自然を残していくべきだと私たちは気づきつつあります。

2　野生動物としてのテントウムシ

クマ、サル、イヌなどとヒトとの関係を、1で考えてきました。私が飼育してきた昆虫の一種、テントウムシとヒトとの関係を、それらと同列、同一平面上で安易に比較することはできませんが、いくつかの共通点も見出せます。

先ず、小さいけれども野生動物の一種である昆虫は、食料ともなってきたということです。日本ではイナゴ、ハチなどが食べられてきました。但し、全国的とは言えません。関東の一部、信州など地域が限られていました。海外に目を転じますと、ラオスなどのアジア、アフリカ、オーストラリア、南米でも昆虫は食べられています。宇宙食としても検討されていたと聞いたことがあります。生物の歴史を遡ると、昆虫をたんぱく源として、哺乳類は大きくなったと言われています。

なお、今後の人口爆発による食糧問題については、国際社会の協力により食糧不足は回避されるという予測が出ています。新たな昆虫食が是が非でも必要とは言えないようです。

次に、商品化されて売買の対象にもなってきました。日本や中国などで、スズムシ（バッタ目スズムシ科または亜科）やコオロギなどが美しい鳴き声を愛《め》でるための商品として売られてきたのです。

近年、昆虫は企業が飼育し、世界各地に輸出入されています。マルハナバチ、寄生バチ、捕食性のダニ、ハナアブ、クサカゲロウ（アミメカゲロウ目クサカゲロウ科）などを使って生物的防除《ぼうじょ》を行なっているのです。生物的防除とは、生物の食物連鎖や生存競争などの活動を利用して有害な動植物や微生物を防除することです。テントウムシも、このために飼育され、世界中に出荷されている昆虫の一種です。

さらに、昆虫を飼育あるいは展示して鑑賞させる、いわば観光資源としての利用も行われています。特に夏休みには子どもたちで賑わっています。

このように見てきますと、古来からヒトと大型の野生動物との間で成り立っていた関わりは、ヒトと昆虫との間にも存在することに思い至ります。

さて、私自身とテントウムシとの関わり方はというと、多様化の部類に入ります。ペット、あるいはコンパニオンアニマルと言って間違いありません。コンパニオンとは仲間という意味です。なぜテントウムシを飼育して、一緒に暮らしているのか、と問われれば、「癒《い》やしを求めて」と答えるでしょう。そして、「研究のため」と付け加えます。

最後に、本来は野生動物であるテントウムシを飼育した場合の変化を、大きく2つの視点から調べた結果を報告します。1つ目の視点は、食餌の時間帯と寿命の関係です。2つ目の視点は寿命そのものです。飼育した全個体について、種類別に一覧表にまとめてみました。（結果は共に2023年7月20日時点です。）

① 食時と寿命の関係

食べっぷりのいい生き物は、元気である――これは大体間違いのないところだと推測されます。飼育したテントウムシの食餌と寿命の関係を考えてみました。さらに、食餌を取る時間帯、朝食、昼食、おやつ、夕食、夜食と寿命の関係もできるだけ記録しました。

表①の長寿ベスト9を参照してください。9匹で合計1344日、平均約149・3日です。一般的な平均寿命の20〜40日をはるかに超えています。

その理由は何なのでしょうか。第1に、餌付けされて、巣箱の中で生きる、つまり飼育されるという新たな環境によく適応できた個体だったということでしょう。自由に飛び回ることはできないけれども、捕食者に狙われる危険はありません。

第2に、主たる餌だったリンゴが美味しく、栄養豊かな物だったからでしょう。

そして、飼い主によくなついていたことが第3に挙げられます。飼い主に対して、恐怖心ばかり抱いていたのでは、飼い主との接触はストレスとなります。なぜ、ヒトになつくのか、ヒトの手指によく乗ってくるのかという謎については、第四章で考えました。ヒトの皮膚、特に皮脂を好むことが原因でした。

その他にも、飼育日記に記された長生き個体の共通点と推測されることがありました。

表① 食時と寿命の関係（2023年３月17日～同年7月８日）

代	種類	雌雄	寿命	朝食	昼食	おやつ	夕方食	夕食	夜食	備考
8	ナミテントウ	メス	139日（6位）	よくとる	—	—	—	—	—	
25	〃	メス	149日（5位）	よくとる	—	—	—	—	—	
26	〃	不明	123日（8位タイ）	—	—	—	—	—	—	
28	〃	オス	128日（7位）	—	—	—	—	—	—	
34	〃	オス	199日（1位）	35回	44回	8回	19回	15回	15回	
35	〃	メス	154日（4位）	6回	14回	4回	5回	7回	9回	
36	〃	オス	156日（3位）	9回	14回	4回	5回	6回	8回	
37	〃	メス	173日（2位）	15回	22回	10回	14回	5回	20回	飛び去る
38	〃	オス	123日（8位タイ）	29回	57回	15回	17回	27回	24回	飼育中
合計	—	—	1344日（平均149.3日）	94回（2位）	151回（1位）	41回（6位）	60回（4位タイ）	60回（4位タイ）	76回（3位）	

それは、朝食をよく取るということでした。毎朝、私は電灯を点けて、「おはよう。」と挨拶しながら、巣箱のラップの蓋を開けて空気の入れ換えをします。この時、多くのテントウムシは動かず、反応しません。その後もしばらく、眠気がさめないようで、同じ状態です。ところが、長寿記録テントウムシは、間を空けずに、リンゴを食べ始めます。朝食を逸早《いち》く取るのです。それどころか、私が巣箱をのぞく前から、リンゴの皮の上に乗ってい た個体もいます。長寿記録ナンバーワンの34代タマです。一番エネルギッシュなオスです。私は、ヒトにも、テントウムシの飼育結果から、朝食の効用を説きたい気持ちになっていました。

そこで、テントウムシの食時と寿命の関係を表1にまとめてみました。

長寿記録の1位、3位、4位、6位、8位の個体については、飼育日記に「朝食をよく取る」の記述が目立ちます。ところが、31代タマから35代タマまで朝食、昼食、おやつ（15時頃）、夕方食（17時頃）、夕食（19～21時まで）、夜食（21時以降）の6つの時間帯に分けて、2023年3月17日～同年7月8日まで毎日欠かさず記したものを集計してみたら、意外な結果が出ました。

5匹の個体全てにおいて、一番多く取っていたのは、昼食でした。朝食は、3匹においては2番目に多く、1匹においては3番目、残り1匹においては4番目でした。

長生きテントウムシの第4の共通点は、正しくは、「昼食をよく取る」ことでした。

なぜ、このような結果が出たのか、について再考してみる必要があります。生き物の消化器系を朝早く働かせることは、身体にとってかなりの負担を伴うのではないか、と思われます。まず、空腹を感じ、それを脳が受け止め、食餌を取れという指令を出し、それが神経系を経て、消化器系を動かすのでしょう。それには、ある程度の時間をかけて、まず覚醒する必要があります。ヒトの場合は、朝から、食事、次は通勤や通学、といった具合に予定が詰まっていることが多く、もたついてはいられません。大抵《たいてい》は子どもの頃からのしつけで、さっさと朝食を取ります。

これに対して、飼育されているテントウムシの場合は、常時、巣箱の中に餌が用意されています。食べようと思えば、いつでもアブラムシ以外は食べたくないなどと贅沢《ぜいたく》を言わなければ、甘いリンゴが食べられる状態です。慌てる必要はありません。

エリック・カール（Eric Carle）作の絵本『ごきげんななめのてんとうむし』を思い出しました。朝5時から、主人公はきげんのよいテントウムシと朝ごはんのアリマキ（アブラムシ）をめぐってケンカをしてしまいます。自然界では、厳しい餌の取り合いは日常茶飯事でしょう。飼育されているテントウムシとの大きな違いです。

私は毎日、正午頃に1日1回の餌換えを行なっています。つまり、昼食時のリンゴという餌は比較的新鮮で瑞々《みずみず》しく、美味しいという味覚上の利点も影響しているのでしょう。

②　飼育と寿命の関係

私が飼育したテントウムシは、ナミテントウ、ナナホシテントウ、キイロテントウの3種類です。飼育した全部の個体について、種類別に、その寿命を表にしてみました（表②）。

種類別では、ナミテントウ計28匹（うち1匹は現在も飼育中）の寿命の合計日数は飛び去った個体4匹も含めて、2239日、平均82・92日でした。ナナホシテントウ計10匹の寿命の合計日数は、事故死1匹も含めて、491日、平均49・1日でした。そして、キイロテントウ計6匹（うち3匹は現在も飼育中）の寿命の合計日数は152日、平均50・67日でした。

1匹当たりの平均寿命は圧倒的にナミテントウが長く、次いでキイロテントウ、ナナホシテントウの順でした。

ナミテントウは自然界でも3種類の中で、恐らく一番数が多いのではないかと推測されます。そして、それは食性に原因があると思われます。ナミテントウとナナホシテントウは、普通、捕食性昆虫として分類されますが、雑食性に近いのではないでしょうか。リンゴ食に慣れていったことが、その証左です。では、両者のうち、どちらが「より」リンゴ食を好んで受け入れたか、という問題ですが、ここでもナミテントウに軍配を上げるべきでしょう。
キイロテントウについては、カビという、ちょっと変わった食性を本来持っているわけですが、既述したように、「いやいや、致し方なく」食べていた側面があるのではないかと私は考えています。体格が小さい個体が多いです。餌の争奪戦に勝利することができれば、もっと栄養価の高い餌を食していたはずです。リンゴ食に適応することは、容易だったどころか、「生まれて初めて食べた生涯最高の美味しさ」だったでしょう。但し、食べる量は他の2種のテントウムシに比べ、ほんの少しでした。その割に元気が良く、交尾もし、あまり遠くへはいきませんが、ちょくちょく巣箱を飛び出します。

前述「①　食時と寿命の関係」で、飼育されたテントウムシの場合は、餌をめぐる争いがないので、朝早くから起きて、ライバルに勝利して、朝食を取る必要があまりないと述べました。ゆっくり昼食を取れば足りるというわけです。このことは、寿命にも関連してくると考えられます。ナミテントウ、ナナホシテントウ、キイロテントウという種類に拘らず、総じて、自然の中のテントウムシより長寿です。餌をめぐる争いから解放されていることに加えて、室内の巣箱の温度が一定程度、調整されていることも、飼育の利点として挙げてもよいでしょう。外気温とほぼ同じ体温に常に変動させる必要がありません。また、良くも悪くも狭い巣箱の中では、飛翔に要するエネルギーの消耗もありません。そして、長寿の最大の原因は、捕食者がいないということです。共食いの習性は確かにありますが、私の飼育したテントウムシの場合は、生きている個体ではなく、全て死骸を食べたのでした。

但し、飼育の難点もあります。繁殖です。次の世代を一切残せませんでした。

私は越冬中の個体を採集して、飼育することがわりに多かったのですが、その点について気になることがあります。それは、越冬個体はほとんど雌だけなのではないか、という指摘です。繁殖させられなかった原因は、こんなところにもあったのかもしれません。

ですが、私の飼育した個体の場合は、リンゴという餌や巣箱という限られた生育空間などが、繁殖に至らなかった主な原因だったのでしょう。

やはり、自然の中で生きて、生命をつないでいってほしい、と心から思います。そのためには、ヒト以外の生き物にも優しい自然環境を切《せつ》に願ってやみません。

自然の一部としての、小さな昆虫、テントウムシの生を尊重することが、ヒトが自然の中で生き続けるためにも必要なのではないでしょうか。

表②　飼育と寿命（2008年１月６日から2023年７月８日）

代	種類	雌雄	飼育期間	寿命（順位）	備考
初	ナミテントウ	不明	2008.1.6. ～同年3.26.	80日（17位）	
2	〃	〃	2008.12.18. ～2009.1.13.	27日（33位）　※	
3	〃	〃	2009.9.7. ～同年9.27.	21日（34位）	
4	〃	メス	2020.11.27. ～同年12.27.	31日（28位タイ）	交尾
5	〃	不明	2020.12.4. ～同年12.5.	2日（40位）　※	
6	〃	オス	2020.12.12. ～同年12.28.	17日（36位）	交尾
7	〃	不明	2020.12.28. ～2021.3.23.	86日（14位タイ）	
8	〃	メス	2021.1.3. ～同年5.21.	139日（6位）	交尾
9	〃	不明	2021.1.7. ～同年3.15.	68日（20位）	
11	〃	〃	2021.1.31. ～同年5.17.	107日（10位）	
16	〃	オス	2021.3.22. ～同年6.29.	100日（12位）	交尾
20	〃	メス	2021.5.10. ～同年6.15.	37日（26位タイ）	交尾、産卵
21	〃	不明	2021.11.28. ～同年12.1.	4日（39位）	
22	〃	オス	2021.12.3. ～ 2022.1.2.	31日（28位タイ）　※	交尾
23	〃	オス	2021.12.3. ～ 2022.2.10.	70日（19位）	交尾
24	〃	メス	2021.12.5. ～ 2022.3.20.	106日（11位）	交尾
25	〃	メス	2021.12.11. ～ 2022.5.8.	149日（5位）	交尾
26	〃	不明	2022.1.5. ～同年5.7.	123日（8位タイ）	共食い
27	〃	メス	2022.1.22. ～同年3.13.	51日（23位）	交尾
28	〃	オス	2022.2.14. ～同年6.21.	128日（7位）	交尾、共食い
29	〃	不明	2022.3.12. ～同年4.9.	29日（31位）　※	
30	〃	〃	2022.3.16. ～同年4.12.	28日（32位）	
34	〃	オス	2022.11.21. ～ 2023.6.7.	199日（1位）	交尾、共食い
35	〃	メス	2022.11.30. ～ 2023.5.2.	154日（4位）	交尾、産卵
36	〃	オス	2022.11.30. ～ 2023.5.4.	156日（3位）	交尾
37	〃	メス	2022.12.8. ～ 2023.5.29.	173日（2位）　※	交尾、産卵
38	〃	オス	2023.3.7. ～同年7.7.	123日（8位タイ）	交尾
41	〃	オス	2023.6.3. ～		飼育中

計28　　　　2239日（平均82.92日）

代	種類	雌雄	飼育期間	寿命（順位）	備考
10	ナナホシテントウ	不明	20021.1.13.～同年２月11日	30日（30位）	事故死
12	〃	メス	2021.2.3.～同年４月９日	66日（21位）	交尾、産卵
13	〃	オス	2021.2.5.～同年３月21日	45日（24位）	交尾
14	〃	メス	2021.3.5.～同年６月２日	90日（13位）	交尾
15	〃	メス	2021.3.15.～同年６日４日	82日（16位）	交尾、産卵
17	〃	不明	2021.3.25.～同年４月30日	37日（26位タイ）	
18	〃	メス	2021.4.6.～同年５月15日	40日（25位）	交尾
19	〃	オス	2021.4.11.～同年４月18日	８日（38位）	交尾
39	〃	メス	2023.3.19.～同年５月30日	73日（18位）	交尾、産卵
40	〃	不明	2023.4.17.～同年５月６日	20日（35位）	

計10　491日（平均49.1日）

代	種類	雌雄	飼育期間	寿命（順位）	備考
31	キイロテントウ	不明	2022.6.26～同年7.5	10日（37位）	
32	〃	メス	2022.10.19.～2023.1.12.	86日（14位タイ）	交尾、産卵
33	〃	オス	2022.10.20.～同年12.14.	56日（22位）	交尾
42	〃	不明	2023.6.5.～		飼育中
43	〃	〃	2023.6.13.～		〃
44	〃	〃	2023.6.19.～		〃

計６　152日（平均50.67日）

３種類、40個体の寿命の総合計は、2882日、平均72.05日です。

注１　雌雄は推定です。

注２　※印が付いているのは、飛び去った個体（計５匹）です。

第八章　生き物たちの八つのエピソード

1　カルガモの母子連れ

　野川にはカルガモが沢山生息しています。２０２１年12月10日のことになりますが、遊歩道を散歩している時、一人の女性が2～3メートル下の河原のカルガモたちに、「ピーコちゃん、こっちよ。」とさかんに話し掛けているのに出会いました。私と同じで、ヒト以外の生き物と会話したがっていたのです。私にも話し掛けてきました。聞けば、その女性の自宅の庭の池で大きく成長した6羽のカルガモたちが、河原のカルガモの群れに交ざっているそうです。それが証拠に、女性が話し掛けると、河原の草の上に上がって近づいてくると言うのです。見てみると、確かに数羽が草の上を歩きながら近づいてきていま す。布田天神社の近くに住んでいるとのことなので、そこそこ距離がありますが、多分、往きは母ガモと7羽の子ガモは歩いて移動したのでしょう。

　以前、日本を代表するタイヤ会社の広い敷地内で、カルガモの母子の移動の様子を目にしたことを思い出しました。もの凄く暑い日の真昼でした。１羽の母ガモが10羽くらいの子ガモを引き連れて、アスファルトの道路上を1列になって歩いていました。どこへ向かっているのでしょう？　プールは反対方向ですし、玉川上水はかなり遠いです。大丈夫なのだろうか、と心配でしたが、仕事で外出した帰りで、それ以上は構《かま》ってあげられませんでした。

野川のカルガモたちに話を戻しましょう。この女性の家にカルガモたちがやってきたのは6月で、野川で同じカルガモを見かけるようになったのは11月だったとのことです。「私の声を憶えているんだと思うの。餌を持ってきてあげれば良かった。」と、言うのです。そして、なおも「ピーコちゃん！」と繰り返し呼び続けていました。

衝撃を受けたのは、7羽連れてきた子ガモの雛《ひな》のうち、1羽を母ガモが殺した、という話でした。子ガモがカラスに突つかれるなどして殺されたという話はよく聞きます。母子ガモを見かける度に、子ガモの数が減っていくのは、悲しいかな、野生の中では当たり前のことです。でも、母ガモが殺すこともあるのでしょうか。寡聞《かぶん》して聞かない話なのですが、「この子は育てられない。」と母ガモに思わせる何らかの理由があったのでしょうか。母ガモにも子ガモにも餌は十分与えられていたようですから、今もその理由が分からない不可解な話でした。

2　カワセミ

野川には、カルガモの他にも、いろいろな野鳥が生息しています。シラサギ（脊索《せきさく》動物門鳥綱ペリカン目サギ科）・アオサギ・ムクドリ（スズメ目ムクドリ科）などですが、一番人気はカワセミ（ブッポウソウ目カワセミ科）です。体色は少し複雑です。頭部は暗緑青色、背や腰は美しい空色で、漢字では「翡翠」。別名「空飛ぶ宝石」と称されています。

野川を散歩していますと、ちょくちょく見掛けますが、ちょっと得した気分になります。「ラッキー！」という感じです。立ち止まって見入ってしまいます。大きなカメラを構えている人は、まず間違いなくカワセミを狙っているのです。ある日（2021年1月24日）、見かけたカワセミはスズメより少し大きい程度の体の割に大きな5センチくらいの川魚を咥《くわ》えていました。なかなか飲み込めないようで、ブルンブルン振り回していました。魚の方が暴れて抵抗していたのでしょうか。しばらくして無事に飲み込みました。

その時、大きなカメラを持っていた女性の話では、「最近、カワセミが増えてきているような気がする。」ということでした。そういえば、2017年に引っ越してきた当初は、見かけることは滅多《めった》になく、撮影した人たちに写真を見せてもらっていました。私はその女性に、増えた理由は「餌になる川魚が増えてきたからでしょうかね？」と問い返してみましたが、「どうなんでしょうね？」という答えしか返ってきませんでした。

この野川には、メダカ（脊索動物門硬骨魚綱ダツ目メダカ科）、モツゴ（コイ科）、タモロコ（コイ科タモロコ属）などの魚類がいます。私が引っ越してくる以前の様子は、雑草や水草が生《お》い茂り、水量も少ない、汚れた川だったそうです。それを、何年も掛けて、きれいな今の状態にしたということです。普段も子どもたちが遊んでいますが、夏休みになると特に、親子で釣りや水遊びをしている姿がよく見られます。

以前、女性から聞いた話を確かめたくて、２０２３年5月24日、カメラを持って遊歩道を歩いている男性に話し掛けてみました。「被写体は何を狙っているんですか？」と聞くと、やはり、「カワセミです。」との答えが返ってきました。「近頃、カワセミが増えているようだと聞いたことがあるんですが……」との私の問い掛けには、「ここ２～３年、撮影に来てますけど、あまり変わらないですよ。」とのことでした。カワセミは、たまにしか会えないからこそ、価値ある存在なのかもしれません。ヒトの手で、きれいな川を取り戻す努力がなされ、その結果、確かに野生の生き物も増えてきたといえる日が来ることを祈りながら、暑い初夏の川辺《かわべ》をあとにしました。

3 小学生とハト

午後3時過ぎ、散歩と買い物に行くために玄関を出たところで、植込みの一角に小学生が数人、ランドセルを背負《しょ》ったまま集まっているのに出会いました。「何かあったのかな？」と、足を止め近寄ってみたら、デパートの紙袋の上に、まだ子どものハト（脊索動物門鳥綱ハト目ハト科）が横たわっていました。羽根の色は黒っぽいグレー、呼吸が弱々しく、首が少し曲がっています。顔の前にペットボトルの蓋が置かれ、水が入っています。ハトはその水をやっとのことで飲んでいます。曲がった首を蓋の中に入れるのも苦しそうですが、喉《のど》が渇いているのでしょうか、美味しそうです。

このハトは、地面に落下しているところを小学生たちに発見されました。もう飛ぶことはできないのでしょう。外傷はなく、血も流れていません。何か悪い物でも口に入れてしまったのでしょうか。少し前に、近くの歩道の脇でハトの死骸を見たことがありました。腹部が大きく抉《えぐ》られていました。内臓だけ食べられたようでした。目の前の小鳩がカラスなどに襲われたのだとしたら、恐らく、それと同じ様子になっているでしょうから、違う原因だと思われます。

さて、小学生たちはこのハトをどのように見守ったのでしょうか。10人くらい集まっていましたが、「今、目を開けたよ。」、「また水を飲んでるよ。」と言い合っています。ママと携帯電話で連絡を取る子もいます。やがて一人のママがやってきて、「こんな場合はどうしてあげればいいのか。」と問い合わせを始めました。ある自治体では、カラスとハトは救ってあげられないとの返事だったようですが、他の自治体で相談に乗ってくれるところが見つかりました。とりあえず、ハトを入れるダンボール箱を調達して、パパと連絡を取ることになりました。それまで駐車場の隅《すみ》にでもハトを置いてもらえないか、と管理事務所に掛け合うようです。

私はこの辺でこの場を一旦離れて、用事を済ませなければなりませんでした。時々開けるハトの丸い目を、こんなにじっくり見たのは初めてでした。ハトとムクドリに占領されたという地域の話やら、「餌をあげないで」という注意書をよく目にします。あちこちで、かなりの数を見かけます。おとなしくて、人なつっこい、平和の象徴ですが、私は特に注目していませんでした。でも、今、この小学生たちは弱った1羽のハトを見守っています。多分、最期《さいご》の看取りになるでしょう。「いいことなのでは……」としみじみ感じました。

私は飼育していたメダカや金魚、そしてテントウムシなどの小さな儚《はかな》い命の死に際に幾たびも立ち会ってきました。何もできなくてもいいのでしょう。生き物が生を終える時を見つめるだけでいいのです。やがて、死について考え、分かる時も来るでしょう。そして、この小学生たちの中から、救ってあげられる人も出てくるかもしれません。そのためには、救ってあげられなかったという無念の思い、悲しい体験が必要なのではないでしょうか。

4　猫と夜の散歩

私は猫が大好きです。野川の遊歩道や、多摩川の近くの団地にいる野良猫たち、近所の動物病院の飼い猫たち、ペットショップの可愛過ぎる猫たちも含めて、みんなのファンです。

『吾輩は猫である』を書いた夏目漱石の大ファンでもあります。

今住んでいる所に引っ越してくる前、民間のアパートに住んでいた頃の思い出が蘇《よみがえ》ります。

仕事から帰宅して、夜の7~8時頃、郵便物を受け取ることになっていました。ところが、女性の配達員さんが届けて下さったのは、郵便物ばかりではありませんでした。猫を一緒に連れて来たのです。いえ、正確には、「こちらの猫じゃないんですか?」と聞かれたので、猫が勝手に配達員さんについて来たのでした。私は、「うちの猫じゃありません。」と答えましたが、猫はすでに狭い我が家に上がり、家の中を見回り始めています。

配達員さんに「猫を連れて帰って下さい。」とも言えません。私は郵便物の御礼を述べて見送りました。猫は、我が家に見覚えがあるような無いような顔をして、ゆっくりと落ち着いて歩き回っています。でも、この猫を飼うわけにはいきません。可愛いと思わないではなかったのですが……。

猫を元の家に戻してあげなければなりません。とりあえず、私は猫を外へと導いて、一緒に階段を下りて歩き出しました。前の真新しい7階建てのマンションの玄関は、煌々《こうこう》と照明が光り輝いていました。猫は何か思い出したのでしょうか、玄関の数段のステップを昇《のぼ》り、自動ドアから入って行きました。ここの猫なのか、と私は安心したのですが、早合点でした。すぐに出てきました。「ここが、おうちなの？」と聞いてみたのですが、「ニャー。」と返事は曖昧《あいまい》で、また道路を歩き始めました。

辺りはすっかり暗くなって、外灯だけが頼りの道を歩いていたのですが、猫は外灯の光に引き寄せられ飛んでいる昆虫たちを捕《つかま》えようと、伸び上がったり、跳ねたりし始めました。黒っぽい虎猫のその様は明るい太陽の光の中で見るのとは違う、幻想的なものでした。じきに、猫と虫との戯《たわむ》れは、といっても猫にとっては餌を獲得するための本能的な真剣な行動だったのでしょうが、終わりになりました。諦めたのでしょう。

次に、もっと暗い住宅街の細い道へと曲がり、私を案内するように先に歩いて行きました。何か、出てきた家の記憶に導かれていたのかもしれません。間隔を空けた、薄明かりの外灯しかない道をゆっくりと進んで行きました。私はこれ以上、この猫には必要ないと感じられました。そっと、ゆっくり引き返して、我が家へと帰ってきました。この間、30分くらいだったでしょうか。初対面の猫との夜の散歩でした。

夜の散歩中に、猫が夢中になってつかまえようとしていた街灯に群がる昆虫たちについて、最近、気になる記述を発見しました。

よく見かける、ありふれた昆虫たちの行動ですが、実はその理由はまだ完全には分かっていないそうです。

多数説は以下の通りです。昆虫は長距離を移動する時に月を利用しているというのです。月が夜空を動いていくにつれて、体内時計のようなものを使って角度を調整しながら飛んでいるらしいです。夜行性の昆虫、例えばガ（チョウ目）などは、ライトなどの明るい光を月と勘違いします。しかし、その光は何千キロも離れた月の光ではないので、遠くへまっすぐに飛ぶことには無理があります。そこで、光源への角度を頻繁《ひんぱん》に変化させ、光を目指して螺旋《らせん》状に飛びます。そのカーブを徐々に狭《せば》めながら光に近づいて行くと、やがてライトに衝突するという結果を招きます。猫には捕まらなくても、悲惨な結末が待っているのです。

5　黒猫

墓参を終えて、小高い丘の中腹から下りている途中のことでした。霊園の中を流れる川のほとりの桜並木を歩いていました。あまり高くはない山を2つほど切り拓いて造成された霊園ですので、川の反対側、私の右手には、階段状に墓が並んでいます。

ふと、歩道の50メートルくらい先に、黒い猫が1匹、私と同じ方向に歩いているのが目に入りました。ここで猫を見掛けたのは、初めてのことでした。往きならば、猫好きですので追い掛けていたかもしれません。以前に、ピーターラビットにそっくりのウサギ（脊椎動物門哺乳綱ウサギ目ウサギ科）を見掛けた時には、「ピーター！　ピーター！」と呼びながら追った経験があります。でも、この時は草むしりなどの墓の手入れでくたびれていました。とてもとても追い掛ける元気は出なかったのですが、目を離すことはできませんでした。人《ひと》っ子《こ》一人《ひとり》いませんでした。どこへ行くのでしょうか。

目を離した覚えは無かったのですが、いつの間にか、黒猫は道の先を歩いてはいませんでした。「あれ？　脇道に折れて、並んでいる墓の間にでも入って行ったの？」と、その時は思いました。

黒猫が眼の前を横切るのは不吉な前兆で、身近な人が亡くなる、という迷信は、以前からよく聞いていました。ですが、信じてはいませんでした。
果たして……。この黒猫を見掛けた墓参から数ヶ月後、兄が亡くなりました。

6　白い猫

私の先祖が眠る霊園では、猫についてのちょっと気になる話がもう一つあります。高い場所に売店付きの休憩所があるのですが、白い猫が出没するらしいのです。私は門の近くの事務所や祭場もある所を普段利用していますので、この休憩所にはあまり行きません。

ですから、その白い猫を見たことはないのですが、餌をあげている人がいるらしく、その容器が建物の脇に小さく置かれていました。ただ、その猫がここに棲み着いている様子はなく、一体どこから、やって来ているのかは分からないと、休憩所で働いている女性は言います。

あまり高くはないですが、山ひとつ下りて公道に出て、さらにその公道の下の谷といってもいい所に人家は集中しており、かなりの距離と高低差があります。

私は、『白い犬とワルツを』というタイトルの映画を思い出していました。正確ではないかもしれませんが、ざっとこんなストーリーでした。アメリカの仲の良い老夫婦は、若い頃からよくダンスを楽しんでいました。妻が突然亡くなり、残された夫と白い愛犬は、妻を偲《しの》びながらワルツを踊ります。やがて、夫も亡くなるのですが、その真新しい墓のコンクリートの上に、くっきりと犬の足跡が残されていました。明らかに、白い愛犬は、かつてダンスをした飼い主の死を悼み、その墓を訪ねていたのです。

霊園の白い猫も、ここに眠る飼い主を追って、やって来ているのでしょうか。是非一度、会ってみたいものです。そして、「どこから来たの？」と聞いてみたいと思います。返事はきっと、短く、「ニャー」でしょうけれど……。

7　ラング-ド-シャ（langue de chat）

野川あたりを棲処にしている野良猫のミーコの姿が見えなくなってから1～2ヶ月が経《た》とうとしています。餌をあげたり、猫の体を撫《な》でたりしながら、ほぼ毎日、井戸端会議を開いている猫クラブの人たちは、もう諦めて、「どこかで死んだんでしょ。」と言い合っています。

私がミーコと初めて出会ったのは、今住んでいる住宅に越してきてからすぐのことでした。当時はオスのチビとメスのタビという野良猫も、野川の遊歩道に毎日餌をもらいに来ていました。チビは生後間もなく、野川沿いの自動車修理工場の廃タイヤの中で、通りがかった人に発見されました。それ以来、その人はほぼ毎日餌をあげに来ているということでした。タビはメスだけれどもオス嫌いで、特にチビとはけんかばかり。片耳は食いちぎられ、傷口が化膿《かのう》して癒着《ゆちゃく》していましたが、きれいな目をしていました。可哀そうで撫でてあげたくなって手を差し出しても、途端に逃げてしまうのでした。掌の上に餌をのせて食べさせようとしても、餌だけ素早く口にくわえて、近くの植込みに隠れて食べるほど、ヒトにも怯《おび》えて気を許さない猫でした。

チビとタビがやって来る野川の遊歩道の対岸にたまに現れ、きちんと2本の前足を揃えて、こちらを見つめている白っぽい猫が1匹いました。それがミーコでした。こちら側には決して近づきませんでした。ミーコも「オス嫌い」だったのです。でも、ヒトが近づいて行くと、よくなつきました。掌の上に餌を少しのせて食べさせると、小さな薄い舌でペロペロと1粒ずつ舐めるように食べます。私は猫の舌の感触にすっかり魅了《みりょう》されました。この猫の持つやわらかさ、滑らかさ、そして、ささやかな存在感に引かれたのです。

　そんな或る日のこと、ミーコは交通事故に遭ってしまいました。私はミーコといつもの通り、ニャーニャー鳴き合いながら猫語で会話して、体を撫でたり、餌をほんのちょっぴり掌にのせて食べさせたりしていました。もうそろそろ猫クラブの面々が帰ろうとしている頃でした。ミーコは少しだけ私を跡追《あとお》いするのが癖でした。その日も、車道と遊歩道の交わるあたりまでついてきました。その時、車道側から大きな黒白のふさふさとした毛を持つ犬が遊歩道に飼い主と共に入ってきました。性格は大人しそうな犬でしたが、ミーコはこの犬に怯えたのです。車道に飛び出し、走ってきた車の下に入ってしまったのでした。ドーンと大きな音がして、車は止まり、すぐに運転していた男性が、「何かにぶつかったようだ。」と降車してきて言いました。ぶつかったのがミーコであることは確かでしたが、肝心《かんじん》のそのミーコが見当たりません。車の走り去った跡に、ミーコの死骸を発見することになるだろうと覚悟していましたから、少しほっとしました。でも、生きているとしても、大怪我《けが》をしているだろうと想像せざるを得ませんでした。それから、猫クラブの人たちと手分けして、ミーコを探し回りましたが、見つかりません。の当日だけでなく、私は約1週間、河原などを捜索して回りました。グレーの斑《ぶち》があるけれども、ほとんど白い猫なので、白いポリ袋やら、白い大き目の皿などが捨てられていると、「もしや」と思い、確かめに行きました。違うと、「良かった」と胸を撫でおろしました。私はついに発見できませんでしたが、特にミーコびいきの猫クラブの人から、その後、嬉しい報告がありました。1週間ほど経った日の夕方、大きな声で「ミーコ、ミーコ！」と呼びながら野川の近辺を探していたら、出てきたとのことでした。久々に私はぐっすり眠れました。そして、しばらくしてから、私もミーコと再会しました。外傷はなかったのですが、皆が言うには、尻尾をひかれたのではないか、とのことでした。そういえば、尻尾を触ると嫌がり、ちょっと曲がっているように見えました。

この交通事故以来、私にとってミーコは特別に同情を寄せる猫となりました。野川に散歩に行くたびに、いつもいるあたりで姿を確認しては猫語で挨拶するのが習慣になりました。そうこうしているうちに、もう4年半もの月日が流れたとは、ちょっと信じられないような気もしていました。

今年の春まだ浅い頃、河原と遊歩道の境目に設《もう》けられた柵《さく》の所で、ミーコはぼんやり野川や対岸を見つめながら座っていました。猫クラブの人たちを待っていたのでしょうか。私は「ニャー」と挨拶してから、話し掛けました。「今日は天気が良くて、暖かいね。」こんな他愛《たわい》のない話でした。ミーコは時々、「ニャー」と相槌《あいづち》を打ちます。少なくとも私には、そう思えたのです。春先のひんやりしているような、暖かいような風と陽光を受けて、やわらかい毛がなびいていました。その様子を見ながら私は、この猫の過酷な生を、つくづく可哀そうだと感じました。

でも、ミーコも生きている喜びを感じていたのではないか、と想像される場面に出会ったこともありました。

週末に野川を散歩していたら、ペット用の鮭の缶詰を美味しそうに食べていました。隣には柵にもたれて川を見ながら、ミーコを見守っている男性がいました。夢中で食べている時に邪魔かなとも思いましたが、私は「ニャー」と挨拶してみました。すると、ミーコは顔をこちらに向けて「ニャー」とだけ返して、また食べ始めました。

ミーコを自宅へ連れて行って飼っていたという人の話も聞いたことがありました。ところが、短期間で終わったようです。野川の遊歩道へと帰って行ったとのことでした。もしより口に合う好みの餌を探し求めて移動していただけのことだったのでしょうか。もしかしたら、自由――ミーコが求めていたものは、これだったのかもしれません。

私が野川に行き始める5年くらい前から、ミーコはここで暮らしていたという話も聞きました。かれこれ10年ほどの野川暮らしだったようです。よほど、ミーコには、それが性《しょう》に合っていたのでしょう。余計な同情は無用だったのかもしれません。

こんなミーコを喪《うしな》って、寂しくて、足が向かなくなっていたのですが、2週間ほどしてから、思い切ってまた野川へ行ってみました。寂しさを癒やしてくれるのではないかという期待があったのです。

遊歩道では、ミーコとちょっとした縄張り争いを繰り広げていた茶トラと、飼い猫のように見えるアメリカンショートヘアが、餌をもらっていました。2匹ともミーコほどにはなついてくれませんが、それでも撫でても嫌がりはしません。ちょくちょく行けば、仲良しになれる可能性はあります。問題はこの場所です。ご近所との諍《いさか》いが起きています。厄《やっ》介《かい》なのです。ミーコはその最中に、ぷっつり来なくなりました。そのことが、この猫の持っていた何かしらの弱さと優しさを私に印象づけて、今も忘れられない思い出となっています。

ちなみに、タイトルの「ラング-ド-シャ」とは、フランス語で「猫の舌」という意味です。薄くて、やわらかくて、甘いお菓子の名前でもあります。

8　テントウムシの活用

「紫陽花の美しい季節となりました。」という書き出しの、高校の同窓生からの心の込もったおたよりは、私の著書に対する感想を綴って下さったものでした。ここで改めて、御礼を申し上げ、内容の一部を紹介させて頂きます。

さて、その内容は、といいますと、テントウムシの凄い生態と被害が書かれていました。「私にとってはテントウムシは大変な存在です。テントウムシはジャガイモの葉が大好きです。油断すると食べ尽くされています。テントウムシの卵を取り除くのが、この時期の仕事です。これをしていても毎日20匹くらいのテントウムシが生まれます。用事で1週間くらい留守にしましたら、葉のウラにビッシリ、ぞうりの形をした見たことがない虫が発生し、ジャガイモの葉が茶色に枯れ全滅してしまいました。テントウムシの幼虫だということがその時分かり、以来、卵のうちに取ることとしたのです。（中略）

因みにテントウムシはナス・トマトにもつきます。」とのことでした。

昆虫は植物の受粉を媒介します。また、テントウムシやオサムシなどの肉食の昆虫がいなければ、作物の病害虫に対処することは難しく、現状よりもっと多量の農薬を使わなければなりません。このように、多くの大切な役割を担っているわけですが、その逆の被害も数多くもたらします。ヒトや家畜の病原体を媒介したり、お手紙にあったように、作物に害を及ぼしたり、家畜に寄生したりします。困ったことです。

自宅の周りのテントウムシを飼育している私は、自然の中のテントウムシの実態をよくは知らないことに気づきました。「可愛い、可愛い」とばかり、言ってはいられません。

さらに、私の知らなかった実態とは、

「テントウムシは人が近づくと、コロッと引っくり返り、その葉からそっと落ち身を隠します。どのテントウムシもそうしますので、人の気配か匂いか息のCO_2か、とにかくすごいセンサーを持っています。」というのです。

第三章で触れた死んだふりではありませんか。ヒトに対する警戒心が死んだふりという行動の一因になっているようです。視覚、嗅覚などを総動員して、ヒトの気配を感じとるのでしょう。カはヒトの息のCO_2をセンサーでキャッチして、接近し、刺して血を吸うといいます。これら一連の行動は全て、メスによって更なる繁殖のために行われています。

これに対して、ほとんどのテントウムシはヒトが手指を差し出すと、逃げたり、あるいは好んで乗り移ってきても、ほとんど咬むことはありません。

問題は、ヒトにとって、その被害はカよりは〝まだまし〟と思えるのかどうかです。

以下、実際に現場を見たわけではありませんのではっきりとは断言できませんが、描いて下さった卵や幼虫の絵を見る限り、先ず大量発生しているのはテントウムシの餌となる虫、例えばアブラムシやカイガラムシの類《たぐ》いではないかと推測されます。そうだとすると、テントウムシの餌を減らして、結果的に作物への被害を大きくしているのかもしれません。ニジュウヤホシテントウのような草食性のテントウムシは別ですが、ナミテントウやナナホシテントウの場合は、天然の害の少ない農薬となります。減農薬で栽培されているようですので、逆にテントウムシを活用してみてはいかがでしょうか。

エピローグ（おわりに）

　42、43、44代のキイロテントウのタマたちはすでに亡くなり、最後に残ったのは41代のナミテントウ1匹になりました。そのタマも2023年9月3日昼頃、換えたばかりのリンゴの餌に少し口を付けてから、ほどなく動かなくなりました。

　私はもうテントウムシの飼育はお仕舞いにして、これからは自然の中で観察を続けようと決心していましたので、寂しさ一入《ひとしお》、それから、意外にも、やや重い肩の荷を下ろしたような気分にもなりました。

　メダカ、そしてテントウムシをテーマにして2冊の本を書いてきましたが、彼らの生と、それに絡む私の暮らしを読んでいただきたいとの気持ちを抱いてのことでした。

　しかし、今、なかば生き物の死を書いていたのではないか、と思い至りました。死は避けられない運命とはいえ、もしも死ぬことがなかったら……と夢想してしまうのも、また人の世の常ではないでしょうか。

　不可能と思われていたヒトの再生も現在では、iPS細胞研究の成功により可能になりつつあります。今後も、長寿へ向けた研究は進んでいくことでしょう。生き物の世界に、どんなに凄い変化が訪れるか計《はか》り知れません。新しく生まれてくる生命には、どんな影響があるのでしょうか。社会の体制、法制度などもそれに合わせて整備されなくてはなりません。

想像するだけでも大変な転換が起こりそうですが、できるだけ長生きをして、その変貌ぶりをこの目で見てみたいという希望も湧いてきます。

お読みいただき、本当にありがとうございました。

また、前作に続いて、文芸社の皆様には一方《ひとかた》ならずお世話になりまして、感謝に堪えません。

世界の平和を心から祈りつつ。

２０２３年９月

※訂正とお詫び

前作『メダカと見つめ合う』１９６ページの「ナミテントウ」は、「ニジュウヤホシテントウ」の誤りでした。訂正し、お詫び申し上げます。

参考文献

『虫の宇宙誌』　著／奥本大三郎　発行／青土社

『山溪フィールドブックス⑬　甲虫』　著／黒沢良彦・渡辺泰明　写真／栗林慧　発行／山と溪谷社

『テントウムシ　ハンドブック』　著／阪本優介　発行／文一総合出版

『公園で探せる昆虫図鑑』　著／石井誠　発行／誠文堂新光社

『ポケット図鑑　日本の昆虫1400　②トンボ・コウチュウ・ハチ』　編著／槐真史　監修／伊丹市昆虫館　発行／文一総合出版

『フィールドガイド身近な昆虫識別図鑑―見わけるポイントがよくわかる』　著／海野和男　発行／誠文堂新光社

『若い読者のための「種の起源」―入門生物学』　著／チャールズ・ダーウィン　編著／レベッカ・ステフォフ　訳／鳥見真生　発行／あすなろ書房

『完訳ファーブル昆虫記』全10巻　著／ジャン・アンリ・ファーブル　訳／山田吉彦・林達夫　発行／岩波書店

『アレックスと私』　著／アイリーン・M・ペパーバーグ　訳／佐柳信男　発行／幻冬舎

『働きたくないイタチと言葉がわかるロボット―人工知能から考える「人と言葉」』　著／川添愛　絵／花松あゆみ　発行／朝日新聞社

『脳に心が読めるか？―心の進化を知るための９０冊』　著／岡ノ谷一夫　発行／青土社

『ヒトと動物の関係学　第3巻　ペットと社会』　編集責任／森裕司・奥野卓司　発行／岩波書店

『ヒトと動物の関係学　第4巻　野生と環境』　編集責任／池谷和信・林良博　発行／岩

波書店
『ごきげんななめのてんとうむし』　著／エリック・カール　訳／もり　ひさし　発行／偕成社
『ファーブル　昆虫と暮らして　改版』　著／ジャン・アンリ・ファーブル　訳／林達夫　発行／岩波書店
『野菜を守れ！　テントウムシ大作戦』　著／谷本雄治　発行／汐文社
『動物たちの地球　第3巻　昆虫』　著／河内俊英他　発行／朝日新聞社
『遺伝子できまること、きまらぬこと』　著／中込弥男　発行／裳華房
『種の起源　上、下』　著／チャールズ・ダーウィン　訳／渡辺政隆　発行／光文社
『遺伝子が語る生命38億年の謎―なぜ、ゾウはネズミより長生きか？』　編／国立遺伝学研究所　発行／悠書館

『テントウムシの自然史』　著／佐々治寛之　発行／東京大学出版会
『なぜからはじまる体の科学「感じる・考える」編』　解説・監修／加藤総夫　発行／保育社
『ファーブル先生の昆虫教室　3　小さいからこそ生きのこる』　著／奥本大三郎　絵／やましたこうへい　発行／ポプラ社
『「死んだふり」で生きのびる―生き物たちの奇妙な戦略』　著／宮竹貴久　発行／岩波書店
『昆虫の惑星―虫たちは今日も地球を回す』　著／アンヌ・スヴェルトルップ＝ティーゲソン　訳／小林玲子　監修／丸山宗利　発行／辰巳出版
『昆虫―驚異の微小脳』　著／水波誠　発行／中央公論新社
『怪虫ざんまい―昆虫学者は今日も挙動不審』　著／小松貴　発行／新潮社

『昆虫学者はやめられない』　著／小松貴　発行／新潮社
『ファーブル驚異の博物誌』　著／イヴ・カンブフォール　訳／奥本大三郎・瀧下哉代　発行／エクスナレッジ
『ダマして生きのびる虫の擬態』　著／海野和男　発行／草思社
『したがるオスと嫌がるメスの生物学─昆虫学者が明かす「愛」の限界』　著／宮竹貴久　発行／集英社
『消えるオス─昆虫の性をあやつる微生物の戦略』　著／陰山大輔　発行／化学同人
『虫とゴリラ』　著／養老孟司・山極寿一　発行／毎日新聞出版
『テントウムシ観察記』　著／佐藤信治　発行／農山漁村文化協会
『♂♀のはなし　虫』　編著／梅谷献二　発行／技報堂出版

『オスとは何で、メスとは何か？―「性スペクトラム」という最前線』 著／諸橋憲一郎
発行／NHK出版

『オスとメス＝進化の不思議』 著／長谷川眞理子 発行／筑摩書房

『サイレント・アース―昆虫たちの「沈黙の春」』 著／デイヴ・グールソン 訳／藤原多伽夫 発行／NHK出版

『超・進化論―生命40億年地球のルールに迫る』 著／NHKスペシャル取材班・緑慎也
発行／講談社

『広辞苑 第七版』 編／新村出 発行／岩波書店

『岩波生物学辞典 第5版』 編／巌佐庸他 発行／岩波書店

著者プロフィール

西村 いき子（にしむら いきこ）

1954年生まれ。
1977年、中央大学法学部卒業。
団体職員、次いで、会社員として勤務。
2014年、定年退職。現在に至る。
著書に『メダカと見つめ合う』（2021年、文芸社）がある。

テントウムシと暮らして

2024年4月15日　初版第1刷発行

著　者　西村 いき子
発行者　瓜谷 綱延
発行所　株式会社文芸社
〒160-0022　東京都新宿区新宿1－10－1
電話　03-5369-3060（代表）
03-5369-2299（販売）

印　刷　株式会社文芸社
製本所　株式会社MOTOMURA

ISBN978-4-286-25229-2